彩图3-1 红将军结果状

彩图3-2 宫崎短富结果状

彩图3-3 烟富3号结果状

彩图3-4 烟富6号结果状

彩图3-5 寿红富士结果状

彩图3-6 粉红秦冠结果状

彩图3-7 富藤金果结果状

彩图3-12 苹果覆沙栽培

彩图3-13 苹果生产中的覆草栽培（一）

彩图3-14 苹果生产中的覆草栽培（二）

彩图3-15 苹果树垄作覆膜

彩图3-20 地面铺设银色地膜促进果实着色

彩图3-21 果园生草栽培

精品苹果生产关键技术

JINGPIN PINGGUO SHENGCHAN GUANJIAN JISHU

王田利 沈前伟 编著

化学工业出版社
·北京·

内容简介

本书对精品苹果生产进行了市场分析，对精品苹果生产应具备的条件、精品苹果高效生产要点及精品苹果生产典型经验进行了详细阐述。

本书重点帮助果农解决经验欠缺、种植效益不高等问题，让果农学有所用，用有所得，提高生产效益和收入水平。

本书适合从事苹果科研、生产的研究人员、技术人员、果农及大专院校相关专业师生阅读参考。

图书在版编目（CIP）数据

精品苹果生产关键技术/王田利，沈前伟编著．—北京：化学工业出版社，2023.1

ISBN 978-7-122-42434-1

Ⅰ.①精…　Ⅱ.①王…②沈…　Ⅲ.①苹果-果树园艺　Ⅳ.①S661.1

中国版本图书馆CIP数据核字（2022）第201102号

责任编辑：张林爽　　文字编辑：焦欣渝
责任校对：杜杏然　　装帧设计：韩　飞

出版发行：化学工业出版社（北京市东城区青年湖南街13号　邮政编码100011）
印　　刷：北京云浩印刷有限责任公司
装　　订：三河市振勇印装有限公司
710mm×1000mm　1/16　印张11½　字数254千字　2023年5月北京第1版第1次印刷

购书咨询：010-64518888　　售后服务：010-64518899
网　　址：http://www.cip.com.cn
凡购买本书，如有缺损质量问题，本社销售中心负责调换。

定　　价：58.00元

前言

苹果为我国北方重要的经济作物，苹果产业的发展，为苹果种植区农村经济的繁荣、农村社会的稳定、农民的致富作出了重要贡献。由于种植苹果可获得较高的回报，改革开放后，我国苹果产业进入快速发展期，目前产量已超过了国内市场容量，导致低价滞销现象十分普遍。苹果市场销售竞争已呈白热化状态，如何在竞争中突围，是广大果农最关心的问题。根据多年苹果销售经验及对产业发展形势分析发现，精品苹果市场短缺，销售空间较大，很有发展前途，进行精品苹果生产将是提高苹果市场竞争力的有效手段。

静宁作为甘肃苹果生产第一大县、全国苹果生产质量强县，长期以来，坚持质量立县的精品化发展方向，充分利用其优良的生产环境，形成了以覆沙、覆草、覆膜抗旱保墒为主的独特种植方法，所产苹果品质优良，果实下树出园价格已连续二十八年保持全国最高纪录。自2013年以来，该产地苹果最高售价保持在12元/kg以上，最高每亩（1亩＝666.7m^2）收入在6万元以上。静宁苹果引领着国内中高端市场的苹果消费，其售价是全国中高端市场苹果售价的晴雨表。静宁所产的红富士苹果多年来在国内市场的销售方面独占鳌头，有“风向标”之称，而静宁苹果生产中精品果所占比例在全国是最高的。长期以来在农产品市场竞争中人们总结的“人无我有、人有我优、人优我精”的制胜之道，放之四海而皆准，虽然全国各地生产苹果的区域不同，但道法相似。笔者多年从事苹果产业，根据静宁苹果产区的切身体会及对全国著名苹果产区的考察学习，编写了这本《精品苹果生产关键技术》，从精品苹果的销售市场、精品苹果生产的条件、精品苹果生产的要点、典型产区的经验论述了什么是精品苹果，为什么要进行精品苹果生产，怎样进行精品苹果生产等问题，以期对我国苹果精品化生产起到抛砖引玉之效。

本书第一章、第三章第八节至第十二节、第四章及附录由静宁县林业局王田利编写，第二章、第三章第一节至第七节由甘肃省通渭县种子站沈前伟编写。

由于我国苹果生产区域广泛，各地积累了丰富的精品苹果生产经验，笔者阅历有限，书中不足之处，欢迎广大读者批评指正。

王田利

2023 年 1 月

目 录

第一章
精品苹果生产的市场分析

第一节　精品苹果的概念

精品苹果是一个新概念，暂时没有标准，可借鉴优质苹果的标准。全国农博会的评分标准是：外观 60 分（果形 25 分，色泽 25 分，整齐度 10 分）；内质 40 分（风味 20 分，肉质 10 分，汁液 7 分，果心 3 分）。

金奖苹果的具体指标如下：

（1）富士系　单果重 250～300g，果形端正，果形指数 0.85 以上，果面全红，蜡质厚，光洁度高，含糖量 12%以上，风味浓郁，肉质细脆，口感好。

（2）元帅系　单果重 200～300g，圆锥形，果形高桩，萼端五棱突起，果形指数 0.95 以上，果面浓红，着色指数 95%以上，光洁度高，蜡质厚，含糖量 12%以上，风味浓香，质细松脆，口感好。

通俗地说，精品苹果就是好看、好吃、好卖、食用安全的苹果。其中好看反映的是外观，好看的苹果可激发消费者的购买欲望，好看包含了果实的大小、形状、色泽等；好吃反映的是果实的内质，苹果是食品，好吃才会得到消费者的认可，扩大销量，好吃包含了果实的硬度（脆度）、可溶性固形物含量、糖酸比（风味）等；好卖反映的是果实的商品性状，现代苹果生产的最终目的是实现商品化，卖相好的苹果，售价高，销得快，经济效益高，好卖是苹果生产的关键；食用安全反映的是果实中重金属和农药的残留量，直接关系到消费者的身心健康，重金属和农药残留量不超标是苹果生产最基本的要求。

自从 20 世纪 80 年代中后期，我国苹果产业进入快速发展阶段以来，经过三十多年的发展，我国苹果产业发生了深刻的变化，目前总体上呈现过量发展态势，在产能过剩背景下，精品果仍表现数量不足，不能满足市场需求，保持着畅销、俏销的势头。精品果的生产有较大的利润，同时随着人们生活水平的提高，对苹果的质量要求也明显提高，因而苹果生产中进行精品化生产已是大势所趋，是产业发展的必然，各苹果产区和广大果农应积极应对，以促进苹果产业效益的提升。

第二节　我国苹果生产形势

概括而言，我国苹果生产形势有以下特点。

一、总体产能过剩，低价滞销成为新常态

苹果生产的高效性及生产技术的开放性，决定了其极易成规模发展，生产具有不可控性。当种植面积小时，其高效性突现，就会有许多群众加入种植者的行列，各级政府也大多倡导扶持，这样 3～5 年后，就会出现种植面积过大、产能过剩的现象。这种现象在我国从 20 世纪 90 年代开始已反复地出现过多次，只是发生的程度不同而已，有的局部发生，对整个产业影响有限；有的整体发生，对整个产业影响较大。2003 年由于苹果的超量发展，导致“卖难”波及全国，给苹果产业和群众造成了很大的损失。经过 2～3 年的调整，到 2006 年苹果种植面积降了下来，苹果销售形势开始好转。这次调整导致了我国苹果栽培区域的重新洗牌，环渤海湾产区和西北黄土高原产区成为优势产区，我国苹果的种植进一步向优势产区集中。在 2013 年我国局部出现苹果卖难现象，这就表示产能已经过剩，2014 年波及面进一步扩大，2015 年呈现全国性卖难现象。当然卖难的原因是多方面的，产能过剩是主要原因之一。根据以往的规律，这种现象在没有大的自然灾害的情况下，会持续 3～5 年，只有当种植面积调减到接近产销平衡点时，苹果的销售形势才会好转，而种植面积的调减需要一个过程。

二、新区迅速崛起，传统产区的市场空间受到挤压

随着苹果生产形势的转变，我国苹果市场已进入全面竞争时代。甘肃静宁前些年在全国苹果销售中保持着绝对的优势，主要得益于当时静宁是苹果生产新区，苹果品种优良，生产环境特异，栽培方法独特，但近年来这些优势随着周边新区的发展正在弱化。目前市场上售价较高的片红富士的大量推广开始于 20 世纪 90 年代后期，而静宁有近 1/3 的果园面积建于 20 世纪 80～90 年代前期，品种老化现象已成为生产中最突出的问题之一。随着栽培周期的延长，果农管理观念的固化，对新技术的吸收利用及管理方法的更新不及时，在管理方

面，特别是在幼园管理上静宁已与周边新发展地区有了差距，这直接影响苹果品质和效益的提升。周边新发展苹果产区发挥后发优势，在品种和新技术应用方面已经走在了我国的前列，这直接影响到了静宁苹果的销售，导致静宁苹果的市场占有率呈现逐年下降的态势。

三、苹果生产存在安全隐患

总体上我国苹果安全生产的威胁主要表现在以下两个方面：

1. 误用化肥、农药引发的安全事件时有发生

由于农药、化肥等农资使用知识普及受限，在一些偏远山区，因农药、除草剂、化肥施用不当，导致树体叶片脱落、烂皮、死树等现象时有发生。近年来政府执法部门受理的此类案件逐年增多，说明农资的不正确使用已成为安全生产的焦点之一。在20世纪60年代以前，我国苹果生产中肥料应用基本上是以农家肥为主的，从20世纪60年代开始，化肥陆续在苹果生产中应用。化肥的长期施用，导致土壤板结，土壤结构变差，土壤中微生物的活动受到限制，进而影响有机肥及化肥的吸收和利用。在20世纪末至21世纪初，微生物肥料的应用受到重视，目前施肥向有机肥＋无机肥＋微生物肥的方向发展，以实现肥效最大化。但目前在我国苹果产区，有机肥源不足、生产中对化肥的依赖程度过高的现状在短期内难以改变，土壤养分失衡，某些养分缺失和某些养分富集的现象将长期并存，不当施肥作业将是土壤污染的重要原因之一，且在今后生产中将长期存在。

2. 农药的污染日益严重

随着栽培面积的扩大、栽培周期的延长，有害生物种群数量增加、耐药性增强，农药使用量逐年加大，在农药使用时随意增加农药的使用次数和提高农药使用浓度的现象屡见不鲜。农药的盲目使用造成对环境的污染日益加重，使得安全生产形势不容乐观。

四、生产成本上升，利润变薄

苹果生产中的纯收入＝苹果销售毛收入－生产成本。近年来，由于苹果销售价格下滑和生产成本持续增长的双重挤压，导致苹果生产效益下降，苹果产业进入微利时代，果农的生产积极性严重受挫，并已严重威胁到产业的持续发展。

我国苹果从2014年后期开始出现卖难现象，2015年我国苹果百强县静宁出现了一箱苹果（15kg）最低价仅卖28元，而且销售速度不快。这种现象在

甘肃静宁规模发展苹果产业以来是首次出现，按这样的售价，种植苹果已无利可图。这种现象给苹果种植户和经销商造成了极大的损失，果农发展苹果产业的信心严重受挫。

五、精品果少，高端市场占有率低

进入 21 世纪以来，我国苹果产业发生了极大的变化。随着栽培面积的扩大，我国苹果很快完成了由量变到质变的转化，精品意识加强，但我国的苹果生产大多仍停留在优质阶段，精品生产还没有普及，导致精品果数量有限。

从近两年的销果情况看，普通果低价滞销的情况普遍存在，而精品果仍保持高价畅销态势。这充分说明，精品果仍有销售空间，有空间即有商机，我们应该抓住精品果的销售商机，并以此为目标，提升生产水平，以应对市场变化。

六、我国苹果生产销售呈现明显分级现象

世界苹果生产经多年的磨合调整，产销形势发生了极大的变化，其中最显著的变化在于产业中心已由经济发达国家或地区向经济欠发达国家或地区转移，而与此同时，市场也发生了很大的变化。正确面对这种变化，采取相应措施，是促进苹果流通、提高苹果经营效益的重要途径之一。

我国苹果市场经过多年的不断完善，目前已呈现出出口和内销两大板块。这两大板块的特点如下。

（一）我国苹果出口市场销售形势

就世界范围而言，欧美是消费品的高端市场，人均苹果消费量大，苹果售价高，但苹果入市门槛高，对苹果品质及食品安全要求很高，入市的果品都要经过良好农业规范认证，这个市场相对于我国目前的苹果生产状况而言，是较难进入的。这主要是由于：

① 我国生产苹果大部分在品质及食品安全方面，短期内还难以达到欧美市场的标准。

② 消费习惯不同，欧美国家市场上，偏酸型的苹果较受欢迎，而我国栽培的苹果是以偏甜型为主的，这样也限制了我国对欧美苹果市场的开拓。

③ 地域的影响，由于欧美国家离我国较远，运输成本高，运输过程中损耗严重，也制约了我国苹果对上述地区的出口。

④ 欧美国家苹果生产技术较先进，我国苹果栽培技术在短期内还难以赶上，欧美市场这块蛋糕很难切分。

亚洲地区、俄罗斯等，是国际消费的中端市场，也是我国苹果出口的主要市场。特别是东南亚、西亚和俄罗斯，由于环境所限，域内很少有苹果生产或苹果供给产不足需，需进口大量苹果。上述国家和地区由于离我国较近，运输方便，消费习惯相似，农产品进口门槛较低，是我国苹果出口的主攻方向。在这一区域与我国竞争市场的主要有日本、韩国、美国、澳大利亚等，我国苹果出口上述地区具有明显的价格优势。影响我国苹果出口上述地区的主要因素为果实品质和农药残留量，其中前者起决定作用，后者越来越受到消费者的重视，因而我国苹果出口的管理短期内仍应以提高果实品质和降低农药残留为重点目标。

非洲大部分地区，由于经济欠发达，消费苹果量相当有限。由于售价低，出口成本高，我国苹果出口该地区往往得不偿失，所以很少出口该地区。

我国苹果产业经多年发展，已成为北方农村优势产业，无论生产规模还是产量均处于世界首位。但因国内市场高度饱和，从长远看，内销、加工、出口是解决苹果销售的三大主要途径，出口是保证我国苹果产业又好又快健康发展的关键所在，是产业突围的突破口之一。

（二）国内市场销售形势

在我国国内，有23个省（区、市）栽培苹果，但以山东、陕西、河北、河南、甘肃、山西、辽宁为重点产区，其中山东的烟台、陕西的延安、甘肃的平凉、山西的运城为全国苹果栽培较好的地方，无论在品种组成、栽培技术、果实品质、经营效益方面均处于全国领先地位。长城以北及长江以南地区苹果栽培面积少，产不足需，是我国苹果的主要销区，其中“长三角”“珠三角”由于经济发达，社会需求和购买力都很旺盛，是最具活力的苹果消费区。

国内苹果市场也呈现城市和农村两大板块，城市消费是我国苹果消费的主要渠道，一般消费量占我国苹果总消费量的65%左右；农村苹果消费量有限，一般占我国苹果总消费量的35%左右。

目前供市的苹果有极品、精品、优质、普通、劣质之分，供市的方向有出口、国宴、酒楼宾馆、城镇超市、水果批发市场、水果零售商铺、农村集贸市场、果汁加工厂等。现就我国的苹果市场进行粗略的分析，供参考：

1. 极品果品的生产和销售

就我国目前的生产水平而言，极品果品约占总产量的5%。极品果品主要产于土地优良、规模化发展的地区，果园人多地少、精细化管理程度高、劳动者素质较高、管理较到位。果品主要供出口，少量供国宴应用，产品一直畅销，售价高，效益好，群众务作积极性高。产区主要集中在我国山东烟台、山西运城、陕西洛川、甘肃等地。

2. 精品果品的生产和销售

精品果品约占总产量的15%，主要产于优生区，产区规模化程度较高，果园精细化管理措施落实较到位。果品主要供应国内酒楼宾馆消费，产品销路好，售价较高，效益较好，群众务作积极性高。主要产区在山东烟台、陕西渭北、甘肃陇东、山西西北地区等，该地区品种组成结构合理，新技术应用普遍，是中国苹果生产最具活力的地方，属于高效生产区。

3. 优质果品的生产和销售

优质果品约占总产量的40%，主要产于苹果的适生区，产区内苹果生产周期长，从业者经验丰富，产业规模较大。产品主供国内城镇超市及水果批发市场。主要产区有山东、陕西、甘肃、河北、山西等省。该地区品种组成较稳定，技术措施落实到位，地理优势明显，苹果栽培成规模，群众有一定的务作积极性。

4. 普通果品的生产和销售

普通果品约占总产量的30%，分布较零散，多为优生区零星分布的、从业时间短、经验不足者所生产的苹果，以及适生区大量生产的果品，也包括次适生区劳动技能较高者所产的果品。普通果品主要供给水果摊贩、农村集贸市场，产品常出现卖难现象，产区涉及我国所有的苹果产区。

5. 劣质果品的生产和销售

劣质果品约占总产量的10%，主要以栽培的次适生区所产的苹果为主，适生区和优生区管理不到位的果园所产苹果也属于此类。这部分果品主要用于制汁加工，近年来呈现产品销量、销售价格逐年上升之势。

七、产业结构有待调整

（一）我国苹果栽培品种组成不合理，已成为苹果生产中的突出问题之一

由于早、中熟苹果成熟期外界气温高，决定了早、中熟品种贮藏性差，一般在自然条件下果品极易发绵，货架期短。因此各产区在发展早、中熟品种时都较慎重，很少有规模化发展，导致了我国苹果栽培品种组成呈现“头轻腰细底盘大”的现状，在供给上出现早熟品种短缺、中熟品种严重不足、晚熟品种相对过剩的局面。

（二）品种、树龄老化现象日趋严重

在我国苹果生产中，20世纪80年代末期至90年代初期所建的果园目前

已成“鸡肋”。由于种植品种以普通富士为主，品种老化现象明显，已不适应市场需求。树龄老化，结果能力低下，建园时栽植密度较大，目前普遍郁闭现象严重，所结果实品质低劣。这部分果园生产效益低下，果农觉得挖树可惜，但继续种植又没有效益。

第三节　精品苹果生产的优势

综合分析，我国苹果进行精品化生产具有以下优势：

一、时代呼唤精品

随着社会的进步，物质的日益丰富，消费者在消费苹果时的观念发生了根本性的变化，开始追求吃好，精品果必将成为市场上消费的主流。

二、精品果品市场有较大的空间

目前我国苹果市场已经细分，普通果品市场呈现饱和甚至过剩趋势，而精品果品严重不足，每年需大量进口以满足需要，发展精品苹果生产可减少对国际果品的依赖。

三、精品苹果生产有较高利润

苹果产品的等级不同，生产收益是不一样的。生产精品苹果，果农可获得较丰厚的利润。

第二章
精品苹果生产应具备的条件

一、产地要有区位优势

我国幅员辽阔，栽培苹果的区域广，涉及东北、华北、西北、西南地区，形成了环渤海湾、黄土高原、黄河故道、西南高地四大种植板块，全国有20多个省（区、市）能种植苹果。

精品苹果栽培对环境要求相当严格，同一个品种在不同的地区表现是不一样的。像秦冠在陕西着色较差，而在甘肃静宁可果面全红，着色相当漂亮，售价也翻了几番。这一现象在苹果栽培中十分普遍，像富士在寒地易被冻死，在潮湿的地方难成花。按照苹果品种在不同地区的表现，可将其栽植地分为最佳适生区、适生区、次适生区、能生长区。因此，在栽培中一定要注意品种布局的区域化。坚持在最佳适生区种植，在适生区发展，限制在次适生区发展，杜绝在非适生区发展，这一点非常重要。

由于认知的局限性和近年气候变暖的影响，以往的苹果区划不够严谨，生产中应以实践为依据，可参考区划成果，合理安排种植区域，为精品苹果的生产打好基础。像红富士苹果在我国不同地区划定的适宜生长区海拔是不一样的，河南将海拔高度800m以上定为苹果最佳适生区，陕西将海拔800m定为红富士苹果的适生区。长期以来，人们普遍认为陕西延安北部不适宜苹果生产，但近年来，延安的米脂、神木等地红富士苹果已发展起来，而且较咸阳地区所产的苹果品质优良。甘肃静宁在红富士苹果发展的初期，划定的适宜栽培区在海拔1800m以下，而四河乡群众在海拔1983m的高度种出了优质红富士，因而对于区划成果要分析应用。

二、要有熟练的技术人员

要进行精品苹果生产，必须有强大的技术支撑，既要有完善的技术服务体系、严谨的管理规程，又要有熟练的操作人员。一般老果区由于苹果种植周期长，技术经验沉积深厚，果农大多会管理、懂经营，因此是进行精品苹果生产的最佳选区。

三、资源要有优势

精品苹果生产要求较高，资源配置要优化。由于苹果产业为劳动密集型产业，要进行精品苹果生产，必须具备充足的劳动力资源，以保证果实生产过程中各项管理措施落实到位；同时精品苹果的生产一定要有规模优势，土地资源应丰富；另外水、光、热资源应满足苹果的生长需要，在降水稀少、灌溉水源不足的情况下，苹果的正常生长结果被抑制，光、热资源不足，则影响果实的成熟，在我国寒地栽培红富士苹果多不能成熟，其品质大打折扣，很难生产出精品苹果。

四、应具备成熟的产地市场和销售渠道

现代苹果生产的最终目标是实现商品化，精品苹果最终要通过市场认可，因而进行精品苹果生产应具备成熟的产地市场和销售渠道。一般在苹果生产过程中，随着苹果基地的发展，产地市场也会相应地形成，随着收购客商的相对固定，产地苹果的主要销售渠道也会形成。相对成熟的产地市场和销售渠道，对精品苹果的生产会有很大的促进作用。例如甘肃静宁，随着苹果基地的扩大，在主产区乡镇均形成了场地、信息、服务、餐饮、运输等功能齐全的产地市场，可保证客商能快速地组织货源，因而在每年的苹果采收季，均会有大量客商到静宁采购苹果，使得静宁苹果保持了供货通畅，提高了苹果售价。售价的提高，激发了果农的种植积极性和投资热情，进一步促进了精品苹果比例的提高。

五、要有完善的贮藏设施

苹果的新鲜程度是其主要质量指标之一，我国目前所产的苹果直接销售所占比例较小，绝大部分果品要经过贮存，然后供给市场。贮藏设施好坏直接决定贮藏的效果，精品苹果生产必须要有冷藏库、气调库等现代贮藏设施作保障，以确保所产果实周年供给，减少贮藏损耗。

六、生产技术应先进

概括而言，要生产出精品果，在生产技术方面要具备以下条件：

1. 要有好的土壤条件

苹果是多年生植物，在建园时应慎重选择园地。

首先，应选择土层深厚、肥沃、通透性好的沙壤土或壤土建园。一般土层厚度应在1m以上，达不到标准的应进行垫土，以增厚土层。山坡地较瘠薄，在建园前要进行改良，可通过种植绿肥作物翻压，以增加土壤有机质含量。质地黏重的土壤可掺草木灰或沙土进行改良，沙土地漏肥漏水严重，可采用客土逐年更换进行改良。

其次，要充分考虑果园的受光条件。园地的采光条件对果实品质影响较大。一般山地果园因日照充足、空气流通、排水良好，较平地果园结果早、果实品质好，易于进行精品化生产。

再次，要注意避灾栽培。近年来霜冻、雹灾、干旱、风灾等自然灾害频繁发生，对我国果业生产构成了严重威胁，因而在建园时，应注意避免在沟底或小盆地中间建园，防止霜冻危害，另外要避免在冰雹发生带建园，以减少生产损失。

2. 要有好的品种

据调查，甘肃静宁苹果产地销售价格品种间差异较大，售价由高到低依次为寿红富士、烟富系列、红将军、岩富10号、礼泉短富、秋富、世界一号、长富2号、普通富士、嘎啦、金帅、红星。因而在栽培中，应对品种高度重视。对于老化的、品种差的果园要及时进行挖除更新；对于树龄小的、品种差的果园要及时进行高接换头、品种改良；新栽园对于品种来源不明及外调苗木，在建园后应进行二次嫁接，选用已掌握的良种进行嫁接改良，提高良种化程度，实行精品化生产。

3. 要有好的树体结构

总体上要求树体结构达到树不高，体紧凑，大枝少，角度大，势均衡，长枝少，短枝多，枝组巧，近骨干，叶幕薄，形成波，要尽可能减少骨干枝级次，缩小树冠，改善通风透光条件。树形应以改良纺锤形为主，一般干高应控制在70～80cm，树高控制在3～3.5m，全树选留枝轴10～12个，枝轴均匀地水平延伸，枝轴上枝组应分布均衡，大型枝组间隔40cm左右，小型枝组间隔20cm左右，注意控制枝轴与中心干（以下简称中干）的粗度比在1∶3。幼树期对所发枝条要充分利用，保持枝轴单轴延伸，辅养枝要拉到下垂，促使其及早成花结果，提高前期产量。进入结果期后，随着枝量的增加，要分期分批疏除辅养枝，以改善树体通风透光条件，提高果实品质。当果园光照恶化时，要采用提干、落头、疏枝等措施，以减少枝量，优化光照条件。冬剪后，枝量应控制在每亩7万～8万条，防止郁闭现象出现影响果实品质及内膛成花。

4. 要有粗壮的枝条

粗的结果枝条，养分积累充分，供养能力强，有利于生产大型果。一般短枝型品种枝条均粗壮，因而短枝型品种所结果大多为大果型。幼树期枝条较粗壮，所结果个头较大，在生产中应注意培养粗壮的结果母枝，为生产大型果打好基础。特别在进入盛果期，结果枝开始老化时，要及时进行复壮，一般富士结果枝在枝龄5～7年后，要注意替换更新，可通过对有空间可利用的徒长枝进行“戴帽”修剪，刺激形成新的结果枝。通过“戴帽”修剪，可达到集中养分供应、促使枝条壮实的目的，在新的结果枝形成后，可疏除老化果枝，进行结果枝替换，保持树体有较强的结果能力。

5. 要有大而厚的叶片

叶片是光合产物的加工厂，一般叶面积大、叶片厚实，叶片光合能力强，制造的光合产物充足，有利树体旺长，促使果实膨大，因而培育大而厚的叶片是栽培的关键环节之一。一般形成的叶片大小与分化程度及展叶时的营养条件有关，叶片在芽内分化程度越深，展叶时营养条件越好，越有利于形成大的叶片。一般全树叶面积在6月底前已完成90％～95％，因而加强春季管理是促使形成大而厚的叶片的主要措施，而春旱、低温霜冻等自然灾害均制约着叶片的形成，生产中要通过人工措施克服不利影响，促使前期叶片的形成。

6. 要有饱满的花芽

一般饱满的花芽，分化程度高，发育比较好，所结果个大形正；而欠饱满的花芽，分化程度低，质量差，所结果很难长大。生产中一般短枝花芽较中、长枝花芽饱满，所结果普遍较中、长枝花芽大。因而在生产中要尽可能地创造有利于花芽形成的条件，以形成饱满的花芽，为精品果生产创造条件。

第三章

精品苹果高效生产的要点

精品苹果的生产受多种因素制约，只有将各项要素做优，才可生产出精品苹果。

第一节　良种栽培

一、苹果良种的概念

良种简单地从字面上可理解为好的品种，它是苹果精品生产的基石。大量生产实践证明，只有良种良法配套，苹果的精品化生产才有可能，二者缺一不可。在实际应用中，有不少果农对良种的理解不是很确切，认为越新的、越奇异的就是良种，并在生产中大量引种，不但没有达到预期的效果，而且给生产造成了不应有的损失。

其实苹果良种是一个相对的概念，受多方因素的制约。一个品种是不是良种，主要评判依据应包括以下几条：

1. 根据当地环境选择品种

苹果品种必须适应当地环境，也就是当地应是栽培所选品种的最佳适生区。苹果品种较多，不同的品种对环境的要求不同，生产中所选择的品种要与当地的环境相适应，这样其优良性状才能得到充分体现。像红富士苹果优势产区所要求的气候条件为年均气温8.0～12℃，年极端最低气温在−27℃以上，1月份平均气温应大于−14℃，夏季均温（6～8月）19～23℃，年降水量560～750mm，全年大于35℃的高温天数在6天以内，年均温日较差应大于10℃。

2. 所选择的品种要有广泛的认同性

一个品种是不是良种，与这个品种的新旧程度无关。生产中所选的品种要经得起市场的检验，要得到经销商和广大消费者的认同，这是最关键的。长期以来，我国苹果生产中引入了相当多的所谓的新品种，在生产中大多只是昙花一现，这其中起决定作用的是消费习惯。我国苹果消费以甜味为主，酸味重的果品大多不好销，这就是原产于欧美的一些苹果品种引入我国后，推而不广的主要原因，而原产于日本、韩国的品种，由于原产地消费习惯与我国基本相同，所以引入的品种多在生产中表现不错。前者像前几年引入的夏红，虽然在果形、早实性等方面表现不错，但由于酸味太重，不适合国人的消费习惯，已基本上被淘汰了；后者像从日本和韩国引入的富士、红露等，则在生产中大放异彩，其中富士已成为我国苹果的主栽品种。

3. 品种的适应性

任何品种都有其适宜的栽培范围，超范围种植，其优良性状难以表现出来，这就是品种的适应性。像红富士苹果在甘肃的河西地区栽培时，不能自然越冬，要进行培土保护，这不但增加了工作量，而且在出现极端低温时，极易发生毁灭性危害。另像寒富苹果在东北表现不错，可是在静宁栽培时，树体阳面极易发生日灼现象。又像陕西前几年引进推广了粉红女士，由于当地无霜期短，不能满足粉红女士对物候期的需求，其性状表现为成熟度不够，果实酸味重；而引入云南栽培后，由于气候温暖，生长期延长，果实能够充分成熟，风味变甜，表现很不错。因而一个品种是不是良种，也要看是否适应当地的条件。在苹果生产中选择栽培品种时，对品种的适应性要高度重视，以便为以后的顺利生产打好基础。

4. 品种本身的性状应优良

品种果实的大小、形状、色泽、可溶性固形物含量的多少，以及进入结果期的早晚、抗病虫害特性等都会对栽培效果产生影响，都应是评判良种与否的指标，像20世纪90年代，我国从日本引入的北斗品种，在果形、可溶性固形物含量、风味等方面均表现不错，但落花落果严重，易发生霉心病，很快就被淘汰了。

5. 所选择的品种要有好的丰产性

苹果品种不同，其丰产性能差别较大，像我国栽培的苹果品种中，秦冠的丰产性较红富士强，红富士中短枝型品种结果性状较普通型品种稳定，烟富3号产量较烟富6号及宫崎短富高，因而在同等条件下选择丰产性好的品种种植，是提高生产效益的捷径之一。

6. 选择市场短缺的品种种植

目前，虽然我国苹果产业总体上出现了产能过剩现象，但早熟及中熟苹果相对短缺，市场供不应求。生产中对于早、中熟品种的发展应引起高度重视。像在我国表现中熟的红将军、美国8号苹果近年来售价高，销得快，生产效益是很不错的。

7. 选择适应国人消费特点的品种种植

我国苹果目前以内销为主，出口外销的量少，这种状况短期内难以改变，因而我国苹果生产应以适应国内消费为主要目标。我国消费者绝大部分喜好松脆或酥脆的苹果果实，在风味上喜欢含糖量较高、甜酸适口的品种，生产中品种选择应突出以上特征。生产中应以市场为导向，及时地调整生产方向，以利产出适销对路的产品，增加销量，提高售价，提升效益。

8. 用途应以鲜食为主

苹果的用途有两大方面：一是鲜食；二是加工。在我国苹果以鲜食为主，加工主要以残次果为主，但还没有规模化的加工生产基地。

因而概括而言，一个品种具备适应国人的消费习惯，得到广大消费者的认同，市场上好销，本身性状优良，适应当地气候，有利早果、丰产，能满足主要消费用途的特点就是良种。广大果农要改变求新求异心理，正确理解良种。

二、良种化的途径

（一）采用良种苗木

良种化最理想的途径，就是育苗者培育出纯正的优良品种，种植者进行栽培。

（二）外引内选，优化品种组成

农业生产只有良种良法配套，才能最大限度地发挥良种的生产潜能。像静宁在苹果产业发展过程中，对良种高度重视，通过政府调苗、民间引穗等途径，先后引入了岩富系列、宫崎短富、寿红富士、烟富系列、礼泉短富、红将军、美国8号、嘎啦、松本锦等优良品种。在大量引种的同时，静宁群众坚持经常性的品种选优工作，其中在秦冠选优方面取得了重大突破。贾河乡果农选出的“粉红秦冠”、雷大乡果农选出的“速红秦冠”，由于卖相好、务作容易、栽培价值高，均得以快速扩繁。

（三）外调苗木二次嫁接法

多年来，静宁果农创造性地对外调苗木进行二次嫁接，这一做法，极大地提高了良种化的程度。目前静宁苹果生产中良种的比例占到了栽培面积的70%以上，在全国处于领先地位。其具体做法是：在外调苗木栽植成活的第二年，从周边村镇选择表现好、卖价高的品种作接穗进行嫁接，这样就可保证生产的良种化，为高效生产打好基础。

（四）高接换头法

高接换头是良种化普遍采用的方法，而对进入结果期但品种不太理想的苹果树，静宁群众多采用高接换头的方法进行改造。在具体换优过程中，形成了一套行之有效的换头措施，其关键环节如下：

1. 苹果树高接换头时间

在陇东苹果树高接换头宜在清明前后进行，在接穗保管好的情况下，适当延迟嫁接时间，有利提高成活率。在此期间，树液流动，气温高，有利于接后伤口愈合。但最迟应控制在谷雨前嫁接完毕，过迟嫁接会影响当年的生长量。

2. 苹果树高接换头时接穗的选择

换头所用的接穗，最好在嫁接时就近从生长健壮、结果多年的树上剪取，一般长度应在30cm以上，最好采集树冠外围的健壮枝条，要求所采枝条春梢长、秋梢短或无秋梢；外调接穗，要防止接穗水分流失，调运过程要有好的保温措施，调回后要及时进行沙藏处理，保持接穗新鲜，不能有霉污、失水现象。在嫁接时，如果接穗充足，可选择用枝条中部饱满芽嫁接，一般嫁接时接穗剪留3个芽，以利提高成活率，促进新梢生长，加速树冠恢复。

3. 苹果树高接换头的嫁接方法

苹果树高接换头所用方法较多，可劈接、舌接、插皮接，其中以插皮接操作方法简单、嫁接成活率高、应用效果最好。应用插皮接进行换头时，一般将苹果树从需换头部位剪截，自剪口向下将皮层纵切一道接口，长约2cm，深达木质部。接穗要有2～3个完整的主芽，上端在距主芽0.5～1cm处剪平，下端从主芽背面下方向下斜削成马耳形，长3～5cm，马耳形削面背面下端削3～5mm，削面要平直光滑。然后，剥开砧木切口，在切口处将接穗插入皮层，使接穗长削面对着木质部。为了有利于愈伤组织的产生，在插接穗时长削面上端应留2～3mm的白边，用塑料薄膜带绑紧接口即可。

根据嫁接部位分枝的多少，高接换头分单枝嫁接和多头嫁接两种。单枝嫁接指在苹果树主干处剪截嫁接，多头嫁接指在苹果树的分枝处剪截嫁接，一般单枝嫁接效果好于多头嫁接。树龄小于6年生的树，提倡应用单枝嫁接，由于树体已具有强大的根系，嫁接后养分利用集中，接穗成活后生长量大，对于树冠的恢复非常有利；树龄大于6年生的树在换头时可采用多头嫁接的方法，多头嫁接时，树体上所留的嫁接枝杈要均匀，不能对生、轮生，要错位生长，最好间距在20～30cm，而且枝杈在主干上应螺旋排列，同侧枝杈间距应在60cm以上，不宜嫁接过多，接穗过多，会造成树体养分分散，不利枝梢生长，同时接穗成活后易导致光照恶化。

4. 接后管理

根据陇东换头经验，在嫁接当年，应重点加强以下管理，以保证树体健壮生长，促进树冠恢复，尽快投产。

（1）松绑　目前高接换头时都用塑料薄膜进行绑扎，在接后1个月左右，要对包扎的塑料进行一次松绑，防止捆伤。在接穗成活后接口牢靠、伤口愈合良好时，解除绑扎的塑料薄膜。

（2）抹芽　高接换头时，一般接穗剪留3个芽，成活后3个芽均可萌发，会相互竞争养分，不利新梢生长。在萌芽后要及时抹除多余的芽，每接穗保留1个芽，以利新梢健壮生长。同时在嫁接过程中，由于将旧树头剪掉，树体养分足，其上会出现大量萌芽，如果处理不及时，会影响接穗成活及新梢生长，因而，要及时抹除多余萌芽，以集中营养，供给接穗，促进成活。

（3）防劈　目前生产中换头应用的主要嫁接方法为插皮接，高接换头树由于根系强大，所接接穗成活后，生长迅速，遇大风新梢极易劈裂，影响成活。应在接穗所发新梢长30cm左右时，在新梢旁边设立支柱，以减少劈裂现象的发生。

（4）开角　高接换头树上接穗所萌发的枝由于营养充足，生长迅速，如果开角不及时，易抱合生长，而且枝基部粗壮，会给以后管理造成极大的不便。因而高接换头后对于开角应高度重视，在接穗所发新梢长10cm左右时，可用牙签支撑，进行开角，以后在生长过程中，可进行多次拿枝，防止树冠抱合。

（5）修剪　对于前期管理没跟上的高接树，在生产中易出现树冠抱合、枝量过多的现象。如果抹芽不到位，接穗上三个芽均可萌发，会出现多头现象。由于每个芽得到的养分相差无几，所萌发的枝条大小相似，单枝嫁接易出现卡脖现象，多头嫁接易出现大的把门侧枝，对于树体生长均不利，在修剪时应特别关注。要注意及时清理过多过大的枝，拉开枝干粗度比，所留枝条保持单轴延伸。单枝嫁接的保留一个强旺枝，剪除其他2个竞争枝；多头嫁接的每个接穗留1个角度开张、较平斜的枝，剪除其他2个直立抱合的枝。

对于前期管理到位的高接换头树，在修剪时要注意按改良纺锤形整形，注意区分永久枝和临时枝。永久枝是进入盛果期后承载产量的，要注意小角度延伸，以利树冠扩张；临时枝主要促进前期产量的提高，要注意及时控制生长，促进花芽形成，尽早投产，并注意保持大角度延伸，一般要拉枝，可保持分枝角130°～150°延伸。

三、目前苹果生产中的优良品种

1. 红将军（图3-1）

红将军是从日本引进的早熟红富士的浓红型芽变，是一个非常优良的中熟品种。红将军口感较出众，果肉呈黄白色，质地比红富士略松，甜脆爽口，香气馥郁，皮薄多汁，外形与红富士极为相似。红将军苹果比红富士早熟30～40天，果实比红富士略大，单果重一般可以达到350g左右，果个均匀，颜色好，着色也早而均匀，生长势比较强。红将军苹果的抗寒性、抗病性、抗旱性都比红富士要好。

图3-1 红将军结果状（见彩图）

2. 宫崎短富（图3-2）

宫崎短富为日本品种，树势强健，树冠中等、紧凑，一年生枝较粗壮，短枝多，叶片质厚，叶芽饱满，成花容易，花芽肥大，结果早，果实较大，萌芽率高，盛果期长，中、短枝均可结果，以短果枝居多，坐果率高。结果后期树势易衰弱，易形成串花枝，管理不当，易出现大小年结果现象。大果型，一般单果重280g左右，最大果重505g。果实色相片红，色浓，圆形，高桩明显，果面光滑，色泽艳丽，果肉黄白色，肉质脆而致密，果汁多，甜酸适口，稍有香气，可溶性固形物含量在15.5%左右，易高产，抗性强，抗旱、耐盐碱，抗腐烂病和早期落叶病，果实耐贮，生产适应性强。

图 3-2　宫崎短富结果状（见彩图）

3. 烟富 3 号（图 3-3）

图 3-3　烟富 3 号结果状（见彩图）

烟富3号为烟台市果树站1991年从长富2号中选出的红富士苹果优系。大果型，平均单果重300g，果实圆形或长圆形、周正，果形指数为0.86～0.89。易着色，浓红艳丽，片红，在精心栽培条件下，全红果比例可达78%～80%。果肉淡黄色，致密甜脆，硬度为8.7～9.4kgf/cm^2，可溶性固形物含量为14.8%～15.4%，风味佳。烟富3号具有早果丰产、果个大、着色好等优点，为我国目前栽培品种中表现较好者之一。

4. 烟富6号（图3-4）

烟富6号为从短枝富士中选出的大果型晚熟优良品种，树冠较紧凑，适于密植，树体短枝性状稳定，早果性好，果实于10月下旬成熟，单果重250～280g，果形端正。果实大小均匀，色泽浓红，果面光洁，果肉淡黄。肉质致密硬脆，汁多味甜，品质上等，极丰产，抗性好。烟富6号为我国目前栽培表现较好、管理较方便的品种，也是市场售价较高的品种。

图3-4 烟富6号结果状（见彩图）

5. 寿红富士（图3-5）

寿红富士为山东果农选育的红富士优良品种，果实高桩，个大，着色艳丽，商品性极好。

图 3-5　寿红富士结果状（见彩图）

6. 粉红秦冠（图 3-6）

图 3-6　粉红秦冠结果状（见彩图）

粉红秦冠是秦冠和红星栽植园中发现的变异品种，果实着色与普通秦冠差异显著。普通秦冠套袋栽培脱袋后呈鲜浓红型，而变异种套袋栽培脱袋后呈粉红型。粉红秦冠结果性状稳定，丰产性和商品性、耐贮性、抗病性均强，是一个综合性状优良的晚熟苹果新品种。

该品种生长势强，萌芽率高，成枝力强，一年生枝褐色，多年生枝暗红褐色，皮孔大而密，茸毛少，叶片大而厚，色墨绿，有光泽，百叶重120g左右。花芽大而饱满，茸毛较多。幼树以长果枝和腋花芽结果为主，果实大，平均单果重300g，最大果重420g，大小均匀，果形短圆锥形，果形指数为0.84，高桩，套袋果脱袋后上色快，脱袋后10～15天，果面呈粉红色，非常美观漂亮，果肉黄白色，肉质细嫩、松脆，汁液多，果肉有韧性，可溶性固形物含量为16％，耐贮藏，贮后色正，不褪色，品质佳。

该品种在以下方面表现突出：

（1）进入结果期早　由于该品种结果枝类型较多，极易成花，新栽苹果幼园一般在栽后三年即可进入结果期，高接树第二年就有产量。

（2）易丰产　由于该品种萌芽率高，成枝力强，树姿开张，容易形成树冠，叶面积大，光合作用强，同化养分多，易成花，产量高，10年生树株产果100kg以上，每亩产果5000kg以上。

（3）产量稳定，基本无大小年结果现象　由于秦冠结果枝类型比较多，长、中、短果枝及腋花芽均可结果，而且果台副梢连续结果能力强，自花结果率高，产量很稳定，基本上没有大小年结果现象。

（4）抗性强　该品种树势强健、树冠高大，自花结果能力强，对干旱、花期低温、夏季高温等自然灾害有较强的抵抗能力。

（5）优质　该品种果型大，高桩，果实大小均匀，脱袋后果色粉红美观，可溶性固形物含量高达16％，肉质细嫩、松脆，多汁，品质佳。

（6）高效　该品种多年售价在当地基本上与富士相同，每亩生产效益在2万元以上，生产效益较高。

该品种在甘肃陇东，花芽在3月下旬萌动，初花期在4月中旬，盛花期在4月下旬，终花期在5月上旬，果实在10月中旬成熟，落叶期在11月中旬。

四、我国苹果产能过剩背景下的品种问题及对策

品种是苹果种植效益重要影响因素之一，生产中老百姓有“选择品种不对，种植功夫白费”的说法。在苹果供给短缺的情况下，品种问题被掩盖，其对生产效益的影响常被忽视，而当产能过剩时，这一问题就表现得特别突出。

1. 目前我国苹果在品种组成方面的问题的集中表现

① 品种组成严重失调，早熟品种极度缺乏，中熟品种严重不足，晚熟品种相对过剩，果价低迷，卖难现象波及全国各产区。这样的品种组成导致每年7～8月无鲜苹果可供，库存苹果出库后很快腐烂，形成有市无货的局面。

② 品种过分单一的问题十分突出，已成为制约效益增长的主要因素。在我国晚熟苹果品种中富士一品独大的问题很突出，导致产品集中上市，扎堆销售，卖价很难提高。由于富士品种比较优良，因而各地均将其定为主栽品种，这样在客观上导致了富士苹果的过剩生产。

2. 近年采收季苹果销售中值得关注的热点

① 早、中熟品种降价幅度最小。像甘肃富藤金果（图 3-7）、红将军等早中熟品种由于发展规模小，产量低，采收期产地销售价格近年降幅很小。这充分说明，早、中熟品种仍有销售空间，种植规模越小，产量越少，市场空间越大。

图 3-7　富藤金果结果状（见彩图）

② 晚熟品种中首次出现富士与普通秦冠平价的现象。这充分说明富士品种优势在消退，其与富士的过量发展和消费市场的需求多样化有着密切的关系。

3. 适应市场需求，加快苹果产业结构调整

由于产能过剩，产业结构调整是目前苹果产业发展的必由之路，而品种调整是产业结构调整的重头戏，根据近年的栽培表现，在今后苹果产业发展中应重点加强以下几方面工作：

① 加快早熟品种的发展。短缺意味着商机，有商机就有发展的空间，因而在今后应适当地在新发展区发展一批早熟品种生产基地，以增加早熟品种的供给，满足市场需求。根据甘肃近年天水武山、白银平川、平凉静宁等多地的栽培表现，目前在早熟品种中表现优良、市场适应性好、消费者认可的品种以富藤金果表现最突出，今后应将其作为产业结构调整的重点发展对象进行开发。该品种具有进入结果期早、果个大、着色艳丽、风味好、产量高、抗性强、适应范围广的优点，一般在栽植后第二年开始开花，第三年就有一定的产量，平均单果重在200g以上，这在早熟品种中是不多见的。其成熟期恰值桃、杏、李时令性水果下市，中熟苹果嘎啦、红将军上市前的空档，市场鲜果量小，销量可观。

② 适量发展以红将军、早熟富士王为主的中熟品种。近年来在甘肃收购价高、销售速度快的中熟品种仍为富士系列中的红将军、早熟富士王等，这是其他品种暂时达不到的，因而应对其进行适量的发展，作为调整的补充。

③ 多方筛选优良晚熟品种，积极进行试验，促进栽培品种的多样化发展。近年来在甘肃静宁销售表现优异的有静宁群众自己选育的粉红秦冠及新引入的美国品种脆蜜，其他品种还有待观察。

第二节　立足当地实际，选择适宜栽培模式

苹果树按所用砧木不同，分为乔化和矮化两类。乔化砧树冠大，矮化砧树冠小；按枝条节间不同分为普通型和短枝型两大类，短枝型树冠明显小于普通型。苹果树种类不同，对立地条件要求是不一样的。总体上苹果树为喜光树种，要求年日照时数在1500h以上，在一定范围内，海拔每增高100m，光强增加4%～5%，紫外线辐射增强3%～4%，绝大多数品种在高海拔地区（800～1500m之间）由于光照充足，所结果品质优良、着色好、糖分高、较耐贮藏、产量高，但华红、澳洲青苹在高海拔地区花量少、产量低，表现严重不适。一般苹果生长期的平均气温应达到13.5～18.5℃，大于10℃的年积温应在1400～3500℃，如平均气温较低和积温不足，则生长期短，晚熟品种难成熟，这就决定了高海拔地区不适宜种植晚熟苹果。矮化及短枝型品种易成花结果，树势易衰弱，对肥水条件要求较高，要求在土层深厚、土质肥沃、有排灌条件的地方种植，才能发挥其早果丰产的特点，在土层浅、土质瘠薄、肥力差、水源不足的地方，低产质劣，极易出现小老树，生产能力有限，生产效益很难提高；乔化树对立地条件要求不及矮化及短枝型树严格，生产潜力较大。因而在精品苹果产

业发展中，要严格按照立地条件选择栽培的苹果树类型。

一、我国苹果栽培模式的变革

栽培模式是苹果生产中长期探索的主要内容之一。叶片是植物光合产物的加工厂，在一定范围内，叶面积越大，制造和积累的光合产物越多，则产量越高；超过一定值后，叶面积继续增大，产量并不呈上升趋势，这是由于叶片间相互叠加遮光，影响光照，无效叶面积增大，产量反而会呈下降态势。为了辩证地弄清楚这种关系在苹果生产方面的影响，人们从 20 世纪 40 年代开始不停地试验探索，先后应用了矮化密植栽培、乔化密植栽培、现代矮化密植栽培等栽培模式，以寻找苹果产量与叶面积之间的最佳匹配方式。当初人们设想通过利用有矮化作用的根砧嫁接栽培品种，用根砧限制树体生长，保持较小的树冠，进而增加单位面积内的种植株数，以增加单位面积的叶面积。这个思路是对的，但由于矮化栽培树势易衰弱，根系固地性差，树体易出现上强下弱现象，配套措施又没有跟上，人们的努力大多白费了。其后，人们又想到了乔化树，乔化树由于有强大的根系、健壮的主干，树势旺盛，于是在 20 世纪 80 年代，在国外大面积推广现代矮化密植栽培的情况下，我国大量地发展乔化密植栽培，当时大多数栽培密度在 83 株/亩以上，有少部分栽植密度为 111 株/亩。由于当时我国苹果栽培正处在新老品种更替阶段，这一模式在成花容易的金冠、秦冠、新红星等品种方面实现了早果丰产的预期效果。但在 20 世纪 80 年代，我国苹果主栽品种变为红富士，乔化密植栽培在红富士生产中基本失败。由于红富士成花难，进入结果期迟，树冠大，多表现未结果先郁闭，果园通透性差，低产劣质，表现出严重的不适，这一现象直接影响了密植栽培在我国的发展。进入 21 世纪以来，随着我国经济条件的改善，与国际社会交流日益频繁，业界开始重新审视矮化密植栽培。特别是一些企业涉足苹果种植业，由于有雄厚的资金支持，引进了现代国际流行的宽行矮化密植格网式栽培新模式，配套应用了大苗建园、高垄黑膜覆盖、滴灌、肥水一体化、高纺锤形整形等先进技术，有效地克服了矮砧苹果的不足。但巨额的投资使农户望而却步，极大地限制了这一模式在我国的发展。

短枝型品种树冠介于矮砧苹果和乔砧苹果之间，且节间短，叶片多，叶大而肥厚，制造光合产物的能力强，易成花，结果性状稳定，植株健壮，主干强健，这些因素决定了其适宜密植栽培。如果应用乔砧嫁接，乔砧有强大的根系、很好的固地性和吸收能力，利用短枝型品种进行密植栽培，很适合我国目前以户为经营单位、种植地块分散而小的国情。乔砧短枝型密植是很适合我国国情的现代密植模式，很有推广普及的必要。

二、苹果生产中的主要栽培模式及优缺点

目前苹果生产中有乔化稀植栽培和矮化密植栽培两种栽培模式，矮化密植栽培中又有利用矮化砧栽培和利用短枝型品种栽培两种模式。

1. 乔化稀植栽培的优缺点

乔化稀植栽培有利于形成强大的根群，增强树体抵御干旱的能力，保证其健壮生长，防止早衰现象的出现，促使高产优质（图 3-8）。

图 3-8　乔化苹果园生长情况

苹果树为喜光树种，苹果产量的形成及品质的提高都要有良好的通风透光条件作保障。生产实践证明，密植栽培虽然有利于早期光合面积的形成，促进早结果，但苹果生产为长效产业，在大量树体进入结果期后，生产弊端就会逐渐暴露。由于枝量大，园内光照不良，易郁闭，成花少，结果部位外移，出现结果表面化现象，不利于产量的提高，所结果着色差，品质低，生产效益很难提高。我国近三十年的发展经验充分证明，苹果生产中乔砧密植切不可取，从整个生长周期看，稀植栽培具有绝对的优势。

（1）乔化稀植栽培的优点

① 适应树体生长规律，有利于枝条的充分扩展。密植栽培由于受空间限制，枝条生长到一定程度要人为进行控制，以防止枝条之间相互交叉生长，恶化光照条件。而人为控制会导致树体养分出现局部供应过剩，生长出现失衡，不利于生长结果的顺利进行。而在稀植情况下，由于有充分的空间，有利于枝条的充分扩展，符合树体自然生长规律，有利于枝类转化，形成良好的结果枝

类组成，提高生产能力，且具有较长的结果年限。

② 通透性好，有利于树体全方位充分浴光，提高整体生产效益。稀植栽培时，由于园内总枝量少，整体光照条件好，树体上下、内外的枝均能充分受光，光能利用率高，光合产物积累充分，有利于树体全方位形成优质花芽，保证树体均衡结果。而且果实受光充分，表现为着色好、含糖高、品质好，有利于整体生产效益的提高。

③ 肥水农药利用经济，有利于减少果园投资，降低生产成本。稀植栽培由于枝叶量少，对肥水农药的需求量减少，有效地克服了密植园肥水因供应无效枝叶生长而出现不足的问题，提高了农资利用率，可减少果园的农资投资，降低生产成本。

④ 果园用工减少，有利于降低果园劳动强度。随着每亩栽植株数的减少，拉枝、施肥、喷药、修剪等主要田间管理工作量减少，劳动强度降低，符合现代果园发展的特点。

⑤ 整体生产效益佳，较密植优势明显。由于果树种植为长效产业，一经栽植，生产周期长达 20～30 年。密植的优势在前 10 年，而在这 10 年内，有 5 年为幼树期，没有产量，结果 4～5 年后，光照恶化，产量、质量下降。而稀植的优势在生产后期，随着树冠的增大，稀植的优势也在增加，从果树整个生产周期看，稀植整体生产效益较佳，比密植优势明显，这已被大量生产实践所证明。

（2）乔化稀植栽培的缺点　稀植栽培由于前期光合面积小，光合产物积累不足，产量较低，影响前期的收益，这是稀植栽培的最大弱点，生产中可通过种植间作作物的方法弥补稀植的不足。静宁群众通过前期行间间种西瓜、洋芋、蚕豆、花生、辣椒、菜花等高效作物，每亩可获得 1000～2000 元的收入，有效地解决了稀植果园前期收入低的生产难题，促进了稀植栽培的大面积推广。

2. 矮化密植栽培的优缺点

（1）矮砧密植栽培的优缺点

① 矮砧苹果树密植栽培的优点

a. 有利于经济地利用土地：用矮砧苹果树苗建园可以经济地利用土地，单位土地面积上可栽植更多的数量，果品产出也更高。

b. 便于机械化作业，降低果园管理劳动强度，提高果园管理效率：矮砧苹果树由于采用了具有矮化效应的砧木，控制了树体的生长，使树体生长缓慢而矮小，可以实行密植栽培。生产中普遍采用宽行窄株模式栽植，适宜机械化作业，降低果园管理劳动强度，提高果园管理效率（图 3-9）。

图 3-9　矮砧苹果树结果情况

c. 有利于早投产，前期产量上升快：矮砧苹果树由于树冠矮小，短枝多，易成花，可提早开花和结果，从而使早期经济效益提高，单位面积产量增加，提早果实成熟期，提升果实品质，延长盛果期。用矮化砧嫁接的富士苹果树，3 年生结果株率可在 50%以上，进入全面结果时，单位面积产量一般比乔砧树增加 30%。

d. 有利于提升果实品质：矮化砧的应用在一定程度上影响了果实品质。矮化砧苹果树，在同样栽培管理条件下，因树冠小、枝干少、冠内光照充足、树体光合产物积累丰富，有利于果实糖分的积累、花青苷的转化，所结果实比乔化砧树着色好、糖分高、风味佳、品质优。

e. 有利于进行品种更新：矮砧果树由于结果早，可以早期丰产，提前获得较高的效益，为品种的及时更新提供了有利条件。现代苹果品种更新周期缩短，例如日本从 20 世纪 60 年代以来，品种更新基本是 10 年 1 代。一般矮砧树的寿命短，大多在 30 年左右，乔化树的寿命大多在 55～60 年之间，而短周期栽培，更有利于品种更新。

f. 有利于进行标准化生产：矮砧苹果树主要采用纺锤形树形，树体结构简单。由于整形修剪技术简单，易于操作，易于进行标准化生产。

② 矮砧苹果树密植栽培的缺点

a. 建园苗木质量没有保障，易导致园貌不整齐：目前生产中以矮化中间砧应用最广泛，由于中间砧的长度及入土深度均影响树冠的大小，育苗时中间砧长度的不一致及栽植时埋入土中的深浅不一，均会导致矮砧苹果园园貌不整齐，给管理造成极大的麻烦。

b. 树势易衰弱：矮砧苹果树易成花，进入结果期早，易过量结果。过量结果会导致树体内的养分被大量消耗，在养分补充不及时或量不足的情况下，会出现树势衰弱现象，对后续果品产量和质量有不利影响。

c. 管理技术要求高：由于矮砧苹果园栽植密度较大，技术管理要求严格，如生长前期管控不当，树体不能如期成花结果，则极易郁闭。郁闭会导致光照条件恶化，树体出现结果表面化现象，不利于果品产量和质量的提高。生产过程中树形选择不当、肥水供给不到位、夏季管理跟不上均会导致种植失败。因而矮砧密植栽培对管理技术要求较高。

d. 建园成本较高：在矮砧苹果生产中为了实现早果的目的，多采用栽植大苗的方法，以有效地缩短童期。这类苗木购买成本较高，加之矮砧苹果生产为了培育健壮的中干，多采用格网式立架栽培，要配套滴灌设施和机械设备，因此建园及管理投资较大。

（2）短枝型苹果树密植栽培的优势　短枝型苹果树密植栽培，植株生长健壮，中干强健，密植建园成本低。一般现代苹果矮砧密植建园成本高，远远高出现阶段我国农户的投资能力，极大地制约了我国苹果生产的转型升级。乔化砧木（海棠）嫁接短枝型红富士（烟富6号）密植栽培不需设立支架，有效地弥补了矮砧苹果中干长势弱、生产中需设立支架的不足，可大幅降低建园成本，可在我国大面积推广普及。

短枝型品种成花容易，进入结果期早，有利以果控冠，适应密植栽培。根据多年的观察，新红星、秦冠、烟富6号等不同品种成花能力、进入结果期早晚不同，但均比普通富士品种（烟富3号）成花容易，分别提前2～3年进入结果期，而密植栽培进入结果期的早晚直接决定栽培的成败。苹果树在结果之前，营养生长占据优势，树势旺，枝梢生长量大，枝叶茂盛，易郁闭，导致种植失败。一旦结果，果实生长就会分散树体营养，减少用于营养生长的养分，使树势得到控制，有效地减缓枝梢的生长，延迟郁闭出现的时间，实现以果控冠的生产目的（图3-10）。

乔化砧木（海棠）嫁接短枝型红富士（烟富6号）密植栽培时，树体根系强大，吸收能力强，可广泛吸收土壤大范围内的肥水，提高土壤养分和水分利用率，防止肥水欠缺而出现树势衰弱现象。山地普遍存在肥水欠缺现象，肥水补给也受到极大的限制，利用山旱地栽培密植果园的少之又少，因而短枝型密植栽培的这一优势在山地果园中有着特别重要的意义。

从苹果产业的发展趋势及我国的生产实际看，利用短枝型品种进行密植栽培是我国今后苹果产业发展的方向。

图 3-10　短枝型苹果生长结果状

三、关于密植栽培的讨论

（一）正确对待近年来兴起的矮化密植栽培热

1. 苹果矮化栽培的发展历程

人类对苹果砧木的关注可追溯到 15 世纪，早在 1472 年法国的园艺工作者就开始从事苹果砧木的研究和利用工作，并发现道生、乐园苹果树冠矮小，用其作砧木嫁接其他苹果品种，可有效地控制树冠大小，提高树体的抗旱、抗寒、耐瘠薄能力。这引起了业界的高度重视。其后的相关研究和探索不断，直到 1872 年英国皇家园艺学会首次提出对苹果砧木进行研究，选育和整理出了 M 系、MM 系的矮化砧木，之后很快应用于世界各国。

苹果矮化砧木是从苹果属植物中筛选出的嫁接后能使果树生长比正常树体矮小的一类砧木，使用矮化砧木后能有效地控制树冠的大小，果树具有适宜密植、管理简单、成花容易、进入结果期早、所产果实品质优的特点。国际上较著名的矮化砧木有英国选育的 M 系、MM 系，波兰选育的 P 系，苏联选育的 B 系，加拿大选育的 O 系，瑞典选育的 A 系，美国选育的 MAC 系和 CG 系，日本选育的 JM 系和青森砧木系，我国利用引进材料和本地苹果砧木进行杂交，在各地选出了许多矮化砧木，主要有SH系、辽砧系列、GM256、青砧系列、77-34、63-2-19等。

矮砧苹果从20世纪50年代开始在我国发展，已经三起两落，但始终没有发展起来。其原因是多方面的：对其特性了解不透彻，栽培技术掌握不全面，这给生产造成了很大的损失。

2. 苹果矮化密植早结果的原理

苹果矮化密植栽培在技术路线上与乔化栽培完全不同。一般乔化栽培主要靠单株产量的提高来提升产量，而矮化密植栽培通过增加单位面积栽植株数以快速增加果园覆盖率，从而实现前期产量的提升，即走的是群体增产的道路。

果园覆盖率提升是把双刃剑。建园早期覆盖率快速提升有利于产量的形成，但后期如覆盖率过高易导致果园郁闭，影响成花、结果。因而矮化密植栽培在管理上与传统的乔化栽培截然不同，对个体要进行控制，通过限制个体的生长保证达到整体稀、个体密的理想效果。生产中为达到以上管理目标，通常综合应用砧木嫁接、合理选择品种及人为控制等措施。

由于矮化砧木种类丰富，不同的砧木矮化效果及适应性是不同的，因而合理选择矮化砧木至关重要。根据矮化苹果在我国栽培的经验，我国应用最广泛的矮化砧木有M26、M9、M9T337、SH1、SH6等。其中M26根蘖少，固地性较好，与品种亲和性好，主要应用于我国土壤肥沃、降水较多的地区。M9嫁接树早期丰产性强，但固地性较差，不抗旱、涝，木质脆，有折干倒伏和出现"大脚"现象；M9嫁接树的树体生长不太整齐，果实大小不均，其在我国中原地区有应用。M9T337是从M9中选出的优系，表现为干性强，树体旺，易成花，进入结果期早，结果大小均匀，丰产性好。随着矮化自根砧繁育技术的日益成熟，M9T337已成为我国主要矮化砧木，近年来在我国推广应用较广泛。SH系列抗逆性强，抗寒、抗旱、抗抽条、抗倒伏，在我国华北、西北地区应用广泛。

苹果品种的成花难易决定着矮化密植栽培的成败。成花容易的品种进入结果期早，有利于以果控冠，限制树冠的扩张，防止郁闭现象的过早出现；而成花较难的品种，进入结果期迟，生长前期易郁闭。因而生产中应注意选择成花容易的品种种植。在我国苹果栽培品种中，红富士苹果所占比重较大，其按枝条节间的长短可分为普通型品种、半短枝型品种、短枝型品种三种类型，其中短枝型品种成花较半短枝型品种容易，半短枝型品种较普通型品种容易。像生产中广泛应用的品种中，烟富6号较烟富3号成花、结果容易，烟富3号较长富2号结果容易。因而选择短枝型品种栽培是矮化密植成功的关键一环。

除用矮化砧木嫁接、合理选择短枝型品种外，人为管理措施也会达到早成花、早结果进而控制树冠大小的效果，生产中应用最普遍的方法有拉枝、环割、环切等。

3. 矮化密植栽培的优势

综合国内外矮化栽培的成功经验，矮化密植栽培的优势主要表现在两个方面：一是早果性突出；二是有利机械作业，减轻工人劳动强度。

4. 矮化密植栽培不宜过分热炒

从矮化栽培的发展历程、早结果原理及矮化密植栽培的优势等方面与我国苹果栽培现状对照分析，矮化苹果密植栽培不适应我国国情，在短期内很难成为生产的主流，不宜过分热炒。其主要依据有以下几点：

① 矮化密植栽培只有在规模化发展的情况下，其机械作业优势才能体现出来，这与我国以户为经营单位、小条田种植的现状不相符，因而其在我国的发展受到了极大的限制。

② 我国苹果主栽品种成花较难，不适宜矮化密植栽培。矮砧在嘎啦、金冠、秦冠等品种上应用后，树势控制容易，能够达到预期的目的。而我国苹果的主栽品种为红富士，红富士苹果树体生长较旺，童期长，成花难，进入结果期晚，进行密植栽培难度大；在密植栽培的情况下，结果期前就会出现郁闭现象，导致种植失败。

③ 矮化密植生产成本较高，导致大部分种植者望而却步。矮砧苹果生产中易出现树体偏斜和倒伏现象，为了增加矮砧苹果的稳定性，保证中干健壮生长，生产中多采用支架格网栽培模式，其架材是一大笔投资。另外为了实现矮砧苹果以果控冠的目的，多采用2～3年生的大苗建园，以缩短童期，苗木成本较高，而后续的机械费用投入也是相当大的，这与我国国情严重不符。

因而，应正确看待苹果矮化栽培，要认识其先进性，也要看到其局限性，要积极进行栽培技术的本地化研究，走出一条适合中国国情的矮化栽培之路。

（二）我国苹果密植栽培的经验教训——以静宁苹果栽培为例

1. 静宁县苹果矮化密植栽培现状、存在的问题及发展对策

静宁县是甘肃苹果生产大县，在苹果生产方面，以乔化稀植栽培为主，近年来发展了少量的矮化密植果园进行试点，为苹果产业的转型升级做准备。

静宁县苹果矮化密植栽培中存在的问题目前主要表现在以下几方面：

① 生产的盲目性比较大，目标不明确。矮化密植栽培具有树体进入结果期早、便于机械作业、减轻果园工人劳动强度、提高生产效率的优势，而在我国发展过程中，其优势没有得到很好的发挥，由于栽培品种过杂，定位不准，将生产园建成了试验园，直接影响了果园的收益。

② 违背生长规律，负面影响凸显。矮化苹果单位面积栽培株数多，对栽培条件要求较高，要求建园园址土层深厚、土质肥沃，生产过程中要有充足水肥作保障。而静宁降水稀少，空气干燥，肥料短缺，直接影响树体的生长。矮化园建在河滩地，土层过浅，有的地方土层不足20cm；矮化园建在山地，没有浇水条件，园址立地条件差，肥水欠缺，导致树体生长量不足，适龄不果，在群众中造成了矮化苹果不能栽的负面影响。

③ 资金不足，矮化栽培没有保障。苹果矮化密植栽培是高投资产业，据陕西经验，建一亩高标准矮化示范园需投资6000～8000元，这对我国个体农户是很不现实的。在资金不足的情况下，会造成粗放管理，极易导致种植失败。

④ 技术不配套，管理跟不上。矮化密植栽培具有其自身的特点，只有按其特点进行管理，才能达到预期的效果。在这方面我国暂无成熟的经验，也没有相应的操作规程，各种植企业要么利用外地的经验，要么仍沿用乔化果园管理的方法，管理严重滞后。

要促进矮化苹果快速发展，必须做到以下几点：

① 科学规划，合理布局。根据矮化苹果生产的特点，矮化苹果的发展应以肥水条件好的川区为主，要求所选的园址土层厚度应在1m以上，土质肥沃，交通便利。

② 适量发展，强化示范效应。发展矮化栽培重在以机代人，实现生产方式的转变，以应对农村劳动力日益短缺、果园务作成本快速上升、生产效益快速下滑的矛盾。发展矮化栽培不能急于求成，要用循序渐进的方式，适量发展，提高管理水平，让矮化栽培的优势充分地体现出来，让果农切实地感受到矮化栽培比乔化栽培好，从而有利于矮化苹果的推广。

③ 量力而行，尽快实现矮化密植栽培技术的本地化。任何一项技术都有局限性，只有与当地立地条件、劳动者掌握程度相结合，才能发挥作用。像在水肥条件好、低海拔的地区，为了缓和树势，促进成花，大多采用环切、环割的方法，而在高海拔地区，苹果树体成花容易，只要将枝拉平，就可很好地成花，因而生产中一般不用环切、环割的方法。应立足当地实际，尽快地制定出符合当地条件的栽培技术标准，加快矮化栽培技术的本地化，以规范、引导矮化苹果的发展。

④ 充分利用下垂枝结果，以果控冠。我国苹果的主栽品种为红富士，成花较难，如果适龄不果，将会导致树体过于高大，枝条过长，果园郁闭，最终导致密植失败，因而以果控冠是矮化密植栽培的关键所在，在生产中应切实抓好这方面的工作。由于下垂枝上叶片制造的光合产物绝大部分积聚在枝条上，有利于增加成花数量，提高花芽质量，因而在生产中要多培养下垂结果枝，并且在矮化密植栽培中应对此高度重视。

2. 山旱地苹果短枝型品种密植栽培在静宁苹果生产中的成功应用

（1）乔化砧木（海棠）嫁接短枝型红富士栽培模式的优越性　近年来，静宁县在苹果生产中试验成功的乔化砧木（海棠）嫁接短枝型红富士栽培模式，很好地实现了密植栽培的本地化，加快了苹果产业转型升级的步伐。

笔者于2011年开始进行乔化砧木嫁接短枝型红富士密植栽培的试验，经过连续六年山地果园的试验观察，认为乔化砧木（海棠）嫁接短枝型红富士（烟富6号）密植栽培不需设立支架，建园成本较低，特别适应我国农村目前农户的投资能力，适宜在我国大面积推广普及（图3-11）。

图3-11　短枝型品种密植不需设立支架

（2）山旱地短枝型苹果密植栽培注意事项

① 营养沟栽植，为树体健壮生长和结果打好基础。缺肥少水是山旱地

苹果生产中的主要问题，栽前进行土壤改良很有必要。生产中最有效的措施是开挖营养沟，填埋作物秸秆和土杂肥，进行微区改土。一般应根据填埋物的多少，确定开挖营养沟的深度。通常在能填入大量作物秸秆、杂草和土杂肥的情况下，营养沟应挖成宽 1m、深 1m 的沟。如果填入物有限，则可挖成宽 1m、深 60cm 的沟，挖时表土、心土分置，回填时先在沟底填入 20cm 左右的作物秸秆或杂草，其上填入 10～15cm 厚的土杂肥，再用表土将沟填平，心土分摊于果园内，进行熟化。这样处理后，苹果树根系生长的环境得到极大优化，土壤疏松，蓄水能力提高，有利于树体健壮生长。

② 大苗建园。苗木质量与进入结果期的早晚有着密切的关系，一般大苗树体健壮，易形成较大的叶面积，增加光合产物积累，促进成花结果。静宁群众有利用 2～4 年生的大苗建园的习惯，这种苗木童期缩短，一般在秋季栽植后，如浇水充足，当年可缓苗，第二年即可开花，从而促进早投产。静宁县大苗建园的经验如下：

a. 秋季带叶早移栽。一般在 10 月下旬至 11 月上旬进行移栽，移栽前对准备移栽的植株进行浇水，移栽时应尽量多带土，保持根系完整，少伤根，最好随挖随栽，要远距离运输的，最好带土球，用草绳包扎或用大塑料袋包装，防止裸根导致毛根枯死，影响植株成活。

b. 大坑大肥大水栽植。栽植坑要大于根系的直径，保证栽后根系舒展，每坑施入 15～20kg 土杂肥、0.5～1kg 左右的过磷酸钙，栽后踏实土壤，每株浇水 50～100kg。

c. 覆膜保墒。冬春季风大，土壤水分散失严重，影响植株成活。在苗木栽植后，应立即覆膜，根据树的大小用宽幅 1.2m 的地膜单幅覆盖或双幅覆盖，以减少土壤水分的蒸发损失，提高苗木成活率。

③ 拉枝控势促花。这是密植栽培的核心技术之一，要通过拉枝促进成花，达到以果控冠、减少果园郁闭现象的目的。根据我国的栽培经验，在按 1m×1.2m 株行距栽植的情况下，当枝条长度达到 80cm 时就应拉枝。拉枝的时间、所拉枝的开张角度决定了成花效果，一般芒种到夏至之间拉枝成花效果最好。早拉枝冒条多，影响成花；晚拉枝所成花的质量差，不利于生产优质果。所拉枝的开张角度在 80°～110°，都有缓和长势、促进成花的效果，随着开张角度的增加，成花效果越来越明显。

④ 保持肥水供给，防止树势衰弱。密植栽培单位土地面积产量高，对土壤养分消耗量大，如果肥水供给不及时，极易出现树势衰弱现象，特别是在山旱地栽培时，对肥水的管理要高度重视。山旱地由于条件限制，肥水管理应重

点抓好以下几项：

a. 增施有机肥。有机肥含有植物所需要的多种营养元素，而且比例适宜。有机肥中的各种有机物必须通过微生物分解成无机元素后，才能被植物吸收利用。分解有机物需要一段时间，因此，有机肥有肥效迟缓、后劲大的特点。使用有机肥在提高产量的同时，可以大大改善果品质量，提高产品的耐贮性。同时，有机质在分解时，生成了许多结构复杂、带有多种功能基团的复杂有机物，可以大量络合多种金属离子，降低了重金属离子的活性，减少了作物对它们的吸收量，使生产出的果品更具有安全性。施入土壤中的有机质，可改善植物根系的土壤环境，提高土壤蓄水保墒能力。在农家肥不足的情况下，提倡施用商品有机肥，商品有机肥的施用量按树的大小，以保证株施量在 5～10kg 为宜。

b. 黑膜覆盖栽培。黑膜覆盖是静宁县苹果生产中抗旱栽培的主要措施之一，黑膜覆盖不但可以有效地减少土壤水分的蒸发损失，提高天然降水的利用率，而且可有效地抑制杂草生长，减少果园除草用工。进入结果期的果树通常用 1.4m 宽的黑膜，在果树两边各覆一幅。

c. 采用肥水一体化措施补肥补水。可将水溶性肥料配成肥液，加入打药设备中，将打药设备的喷头或喷枪换成追肥枪，在 6 月套袋后及 8 月果实膨大期各追施一次，以补充水分和养分，促进树体生长结果的顺利进行。

d. 多次叶面喷肥，进行营养补充。结合喷药，多次喷施 0.5%的磷酸二氢钾，补充营养。

⑤ 认真疏花疏果，严格控制结果量。短枝型品种易成花，易出现过量结果现象，生产中应通过疏花疏果进行调节，保持适量结果。红富士为大型果，疏果间距应在 25cm 左右。

⑥ 搞好树体调控，保持通透性良好。生产中要严格按高纺锤形对树体进行整形，树高应控制在 3.5m 左右，冠幅控制在 1～1.2m，株间交接量不要超过 10%，枝干比控制在 1∶7 左右，对中干上过粗的分枝要及时疏除，加强结果枝的更新，保持结果枝枝龄在 3～5 年内，每年更新枝总量的 1/3 左右。

⑦ 加强病虫害防控措施的落实。在我国，短枝型品种密植栽培时普遍发生的病虫害有腐烂病、白粉病、早期落叶病、蚜虫、螨类等，应采取综合措施，加强防治，以减轻危害。由于密植栽培中枝的更新修剪多，造成的伤口多，易感染腐烂病，加之单株结果较多，树势易衰弱，对腐烂病的防治应高度重视。在更新修剪时，要保证剪口平滑，不能留桩，当天修剪造成的剪口当天涂抹愈合剂，防止伤口出现裂纹。

第三节　科学建园，提高园貌的整齐度

苹果园园貌的整齐度直接决定苹果产量的高低和品质的优劣，园貌整齐是苹果精品化生产的最基本要求之一。根据生产经验，要保证园貌整齐，必须从建园抓起，在建园时应注意以下事项。

一、园址选择

良好的环境是精品苹果生产的基础。

苹果树虽然对土壤适应性较强，但要进行精品苹果生产，则必须选择地势平坦、土层深厚、土质肥沃的沙壤土建园。

矮化密植栽培对肥水条件要求较高，在具体建园时，要选择土层深厚、土质肥沃、无空气污染、有排灌条件、水源洁净的地方，以充分发挥其早果丰产的特性。在土层浅、土质瘠薄、肥力差、水源不足的地方，低产质劣，极易出现小老树，生产能力有限，生产效益很难提高。

在同一区域、不受冻害的情况下，尽量在高海拔处建园，这样有利于控制树体，促进成花结果，简化管理程序。

在河谷有浇灌条件的地方，地下潜水面深度要超过 2m。地下潜水面过高，易引起土壤通气不良，盐分上升，不利于果树生长，易出现黄叶现象。

在山地建园，应尽量选择南坡或东坡，要避免在低洼地、沟底、小盆地中间建园，这些地带冷空气容易沉积，易发生霜冻。

近年来，我国苹果生产中冰雹和晚霜危害频繁发生，对生产已构成了极大的威胁，在建园时对此应高度重视。要注意避开冰雹带和低洼处，以减少灾害的发生，保证苹果生产安全运行。

二、规划

苹果园最好集中连片，为商品化生产打好基础。果园规划要立足实际，以方便管理为大原则，搞好路、水、窖、池的配套设计，最大限度地降低劳动强度。

由于我国农村土地实行的是家庭联产承包责任制，在果园规划时可借鉴陕西凤翔的经验，在栽植区域内先按株行距统一规划、统一栽树，果园建起后，再按户分树，这样有利于园貌整齐，便于管理。

生产道路至关重要，在建园前应充分考虑。在规划时要主、支、小路配套，主路路面宽应在 8m 以上，支路路面宽在 4m 左右，小路路面宽应在 3m

左右，规模化发展的果园应每500m设立一个圆形转盘路口，以利于倒车。

川区、平原建园时要按规划预留好道路，山区可结合机修梯田一次性整修到位。

我国北方降雨稀少，干旱缺墒是苹果生产中最大的制约因素。要立足抗旱，做好果园水窖的配套建设。在靠近道路、山坡等易于聚水的地方开挖水窖，进行雨季集流，供果园打药及干旱时浇灌使用，一般每亩果园配套一口容积在 $20m^3$ 左右的水窖，基本可保障生产之需。

沼气是国家大力提倡发展的有机绿色能源，近年来国家投资力度较大，有条件的要做好果园沼气配套建设，为果园提供有机肥，促进果园生产效益的提高。

肥水一体化、果园滴灌是苹果简化省工管理的主要措施之一，也是发展的主要趋势之一。配肥池、贮水池是苹果生产必不可少的设备，可在果园高处、交通便利的地方修建，以方便将来作业。

三、配置充足的授粉树，以利结果

苹果树为异花授粉树种，自花结实率低。栽培品种单一，缺少授粉品种，导致坐果率低，已成为苹果生产中最突出的问题之一。因而，在今后建园时应注意配置足量的授粉树。一般授粉树应占到栽培总株数的20%左右，我国苹果主栽品种为红富士，可选择秦冠或嘎啦作授粉品种，授粉树应在园内插花栽植，以便授粉。

四、栽前准备

山地果园在栽植前应先进行治理，为优质高效生产创造条件。现在机修梯田的普及，使得劳动强度大幅度降低。对于山地中比较分散、宽度较小的地块，应合并整修，治理成比较大的地块，以提高其抵御干旱等自然灾害的能力。

道路要一次整修到位，并适应当前分户管理的形势，主、支路应兼顾绝大多数人的利益。

水窖、沼气池、配肥池等要尽量靠近主、支道路，从整社、整村、整果园考虑，做到整齐划一，配备合理，既美观又方便作业。

栽前应先进行统一规划、统一放线，尽量采用打穴机或挖掘机打坑、挖沟，这样一方面可减轻劳动强度，提高劳动效率，像打穴机打一个栽植穴所用时间不到2min；另一方面可起到疏松土壤的作用。打穴机、挖掘机作业深度可人为调节，在作业时可根据立地条件及填充物的多少，将作业坑或沟的深度调整到60～100cm。土层深厚、土质肥沃、填充物少的地方，坑、沟深度达到60cm即可：土层较薄，有充足的杂草、土粪等填充物的地方，坑、沟可打得深一点，通过补充填充物，进行土壤改良，为果树的良好生长打好基础。

机械打坑、挖沟作业时，埋坑填沟要人工跟进，及时回填，防止跑墒。特别是春季，我国北方风大，如长时间回填不了，土壤水分蒸发损失严重，影响植株成活率。

五、栽植

1. 砧木要求

乔化栽培时，选用海棠或楸树、花红作砧，山地可选用山定子作砧。矮化栽培时，目前生产中应用最多的矮化中间砧为M26和SH系，各有优缺点，其中前者适宜肥水条件稍好的地区，后者为半矮化砧，在肥水条件稍差的地区表现也不错。

2. 苗木标准

栽植时应注意选择壮苗建园，尽量采用大苗移栽建园法，以促进早投产。苗木壮，则体内贮藏营养多，有利于缓苗，幼树期生长旺。最好选择3年生以上、树高达1.5～1.8m、有5～6个分枝的苗木栽植，这样栽后1～2年即可投产。或栽植2～3年生的苗木，要避免栽植"当年苗"，所栽苗木最好主根长度达到20cm以上，有4～5条侧根，侧根基部直径达到0.35～0.45cm，侧根分布均匀、舒展而不卷曲；苗高达1m以上，接口上方10cm处茎粗在0.7cm以上，根皮与茎皮无干缩皱皮，无新损伤处，老损伤处面积不超过$1cm^2$；接合部完全愈合，芽体充实饱满，无病虫害，大小一致，品种纯正。特别是红富士矮化密植栽培时，应栽植3年生以上、有5～6个分枝的大苗，以利早产，实现以果控冠。

最好不要选用苹果籽育苗，其抗病性较差，特别是近年来腐烂病发生严重。

3. 标准化定植

栽植时最好南北成行，以提高生长季的光能利用率，按行距的大小开挖宽1m、深0.8m、长按地而定的营养槽，或按株行距标准开挖宽1m的方形定植穴，挖时生土、熟土分置，回填先在槽（坑）底填20cm粉碎的作物秸秆，然后用熟土填埋30cm，再按照每株施有机肥15kg左右、过磷酸钙1.5～2kg、尿素0.1kg左右的施肥标准，将熟土和肥料混合，施在距地面30cm的土层内。开挖定植槽的，在回填土后，按所定株距标定栽植穴挖坑，然后将苗木按嫁接口朝南栽植，栽植时不要过深。乔化砧苗木栽植时，栽深以与苗圃地栽植深度相当为宜，矮化中间砧苗木入土深度与树冠大小关系十分密切。矮化中间砧全部入土，苹果树体生长旺盛，起不到矮化效果；矮化中间砧全部露出地面，矮化作用强，树体小，中干弱，易歪斜。一般在旱地栽植时，以矮化中间砧上部露出 3～4cm 为宜；在水地栽植时，以矮化中间砧上部露出 6～8cm 为宜。栽后踏实土壤，并立即浇水，实现根土密接，促进植株成活。

4. 加强栽后管理

（1）定干　在植株根颈部以上 80～100cm 处，选留 5～8 个饱满芽短截定干。

（2）套果苗袋　苗木定干后，立即套宽 5cm、长 90～100cm 的果苗袋，防止苗木失水抽条和病虫危害。苗木萌芽后将果苗袋上端撕破或剪角通气，在新发萌芽长 2cm 时，于下午或阴天除去果苗袋。

（3）设立支架　矮化苹果生产中易出现中干弱、歪斜现象，在栽植后要设立支架，扶持中干，以形成强壮的中央领导干。

（4）抹芽　在苗木发芽后，要及时抹除整形带以下的萌芽，以集中营养供给，促进树体生长。

（5）地膜覆盖　水分不足是我国苹果生产中的最大限制因素，在栽植后应立即用地膜进行覆盖捂墒，提高天然降水的利用率，促进植株成活。

第四节　苹果幼园合理间作，保证树体健壮生长

苹果树栽植后的 1～4 年，枝量小，树体间空间较大，可充分利用这些空间进行间作套种，以增加收入，为苹果生产提供资金支撑。同时通过对间作作物的管理，可减少幼园田间草害，改善土壤的理化性状，有利于促进树体健壮生长。静宁县自 1980 年开始发展苹果产业以来，就开始进行间作套种试验，摸索出了多种间作套种模式，为幼龄果园管理积累了经验。

一、苹果幼园间作的原则

总体上，在苹果园幼龄期进行间作套种时，要坚持以下原则：

① 间作作物要低秆、浅根、生长期短、价值高。

② 种植间作作物时应留足营养带，1 年生树留 1m 的营养带，2 年生树留 1.2m 的营养带，3 年生树留 1.5m 的营养带，4 年生树留 1.8m 的营养带。

③ 间作作物与苹果树的需肥需水高峰期要错开，间作作物对苹果树的影响要小。

④ 间作作物与苹果树没有共同的病虫害。

二、苹果幼园间作的主要模式

经多年探索，在静宁形成了幼龄苹果园间作套种西瓜、马铃薯、豆类、大蒜、大葱、花生、辣椒、菜花、草莓、药材等十种高效模式。

第五节　活化土壤，健根壮树

健壮的树体是生产精品苹果的先决条件，在精品苹果生产中应始终将健壮树体作为首要任务，坚持壮树先健根，健根先活土的管理方向。

一、苹果园土壤管理的变革

土壤是苹果树根系生长、吸收营养的主要场所。土壤管理的好坏，直接决定苹果产量的高低及品质的好坏。经过多年的探索，我国苹果生产中的土壤管理已由清耕、多次中耕逐步过渡到覆盖免耕，更有利于树体的健壮生长，而且大幅度地降低了劳动量，使得苹果栽培管理更符合现代果业发展的需要。

我国苹果园土壤管理在 20 世纪 80 年代以清耕、多次中耕为主，而且每年秋冬季或春季一定要进行一次全园深翻（深翻 20～30cm），这样的管理在幼园期是非常有益的。深翻有利于创造疏松的土壤结构，促进根系伸展；有利于形成强大的根群，增强树体的吸收能力。多次中耕，可减少杂草对土壤养分的消耗，这在干旱地区是非常必要的，有利于集中养分供果树生长。

在 20 世纪 90 年代中期，随着微型旋耕机的普及，果园土壤管理机械化程度提高，而且机械作业促进了广大果农对土壤管理的重新认识。但由于机械作业使果树的浅层根系被破坏，导致树体吸收能力变弱、衰退现象明显，特别是连续两次机耕的情况下，树体衰退严重。这引起了广大果农的深刻思考，并由此引发了土壤管理的变革。

从 21 世纪开始，覆盖免耕已逐步成为苹果园土壤管理的主要方式。覆盖免耕栽培可保护根系不被伤害，使根系特别是毛根生长在相对稳定的环境条件下，不但有利于毛根的生长，而且可延长毛根的寿命，提高毛根的吸收能力，更有利于树体健壮生长，这已在生产实践中被证明。像静宁降水量比较少，空气干燥，静宁群众在长期的栽培中摸索出了覆沙、覆膜、覆草等形式的覆盖栽培。实行覆盖栽培，不但有效地抑制了土壤水分的蒸发损失，提高了天然降水的利用率，促进了树体的健壮生长，更重要的是果园覆盖栽培后，树体根系得到了有效保护，减少了人为破坏。相对于清耕栽培，覆盖栽培促使果树形成了更强大的吸收根群，使得土壤养分、水分得到了更充分的利用，促进树体更健康地生长。

覆盖免耕栽培的主要做法：

1. 规范化栽植

规范化栽植、最关键的是按一定的株行距开挖定植沟或定植穴，深度应达60cm以上。回填时表土填心，心土覆表，以打破犁底层，优化深层土壤。有条件的在回填时填入切碎的作物秸秆或麦糠等，采用一层作物秸秆一层土的方法填埋，以增加土壤有机质含量。定植沟宽应在80～100cm，定植穴直径应在80cm以上，栽植最好在秋季丰水期进行，栽后要埋土越冬。翌春土壤解冻后除去防寒土，树盘或树行覆沙、覆草或覆膜，留1m宽的果带。行间间作低秆、矮冠、生长期短、与苹果没有共同病虫害的瓜类、辣椒、马铃薯、蚕豆等高效作物，以增加前期收入。

2. 幼树期扩穴深翻

覆盖免耕栽培的关键是保护根系，在幼树期（栽后1～5年内）树体根系较小，应逐年进行扩穴深翻，用4～5年的时间争取将全园土壤深翻一遍，以创造疏松的土壤条件，促进根系生长，提高树体的吸收能力，保证树体健壮生长。扩穴深翻时应注意：

① 每年在树冠外围进行深翻，尽量少伤根系，同时注意将土壤翻透，不留夹层。

② 深翻时应结合秋施基肥，以减少用工量，降低生产成本。

③ 深翻时应进行局部土壤改良，尽可能用表土填埋，心土摊平以加速熟化。

④ 深翻后填埋时，最好能在沟内填埋杂草、作物秸秆等以增加土壤有机质含量。

⑤ 每年扩穴深翻部分要及时覆盖，留作营养带，不再间作。除营养带外可间作，在间作作物收获后，用微型旋耕机对种植过间作作物的土壤进行旋耕，疏松土壤、保墒灭草。

3. 盛果期实行覆盖免耕栽培

在进入盛果期后，树体根系已充分扩展，地下根量大，要尽可能少进行耕作，可采用覆沙、覆草、覆膜的方法，对浅层根系进行保护，让生长最活跃、对温差最敏感、吸收养分和合成细胞分裂素能力最强的浅层根系生长在相对稳定的环境条件下，充分发挥其吸收和合成作用，促进树体健壮生长。

覆盖免耕栽培时应注意以下几点：

① 每年对覆沙、覆草应进行补充，保证覆沙的厚度在10cm以上，覆草的厚度在20cm以上，而且草上要尽量压土，以防火灾和风吹，加速草的腐烂和分解；覆膜栽培时要保证膜的完整，可在膜上盖土，一方面可防止膜的风化，另一方面可降低温度，营造相对恒定的环境条件，另外还可以起到抑草的作用。而覆黑色地膜本身具有以上功能，因而可以尽量用黑色地膜进行覆盖。

② 对于园内所生杂草，可采用人工拔除，将所拔杂草覆盖树盘，以增加土壤有机质含量。

③ 施肥尽量采用冲施法。在春季萌芽前、果实套袋后及8月果实膨大期可将追施肥料装入大型塑料桶用水充分溶解，用追肥枪进行追肥，施肥快且有利于肥效快速发挥，施肥效果好。基肥应每年变换施肥部位，采用开沟法施入；有机肥要深施，以引导根系下扎及利用土壤深层养分，提高树体抗旱性；农家肥施用深度应在40cm左右。

④ 结合施基肥进行根系修剪，促使根系更新。结合施基肥，有意识地对直径1cm以上的根进行断根，刺激新根分生，加快根系更新，维持强大根群，提高根系吸收能力。

二、精品苹果生产中果园土壤管理的目标及措施

根据我国苹果园的现状，提出如下土壤管理目标，以便使管理工作有的放矢。

（一）苹果园土壤管理的目标

1. 平衡土壤酸碱度，优化土壤条件

苹果树生长适宜的土壤pH值为5.4～6.8，而各苹果产区的土壤pH值是不一样的，应根据各地的实际进行调整。据测定，静宁土壤pH值为7.77，呈中性偏碱性，生产中要采取措施进行微调，特别是施用鸡粪、人粪较多的果园，对此应高度重视。

2. 活化土壤，改善果园土壤的通透性

土壤是根系生长的载体，土壤的通透性好，则有利于根系健壮生长，形成强大的根群，提高植株的吸收能力。如果土壤沉实，则土壤理化性状不良，根系生长受阻，吸收能力受限，树势易出现衰弱现象，不利于苹果产量和品质的提高，因而生产中应将活化土壤作为土壤管理的主要内容之一。

3. 增加土壤有机质含量

我国果园土壤有机质含量普遍较低，大多不足1%，远远不能满足生产所需，已成为苹果产量、质量和效益提高的主要制约因素。提高土壤有机质含量

是我国苹果生产中土壤管理的主要内容之一，应采取综合措施，逐渐将土壤有机质含量翻番。

4. 抑制杂草生长，减少土壤水分、养分损耗

杂草生长消耗土壤水分和营养，使得分配于果树的养分、水分减少，不利于高产优质。生产中要多措并举，抑制杂草生长，提高树体对土壤养分、水分的利用率，保证树体正常的生长结果。

5. 减少土壤水分蒸发，提高天然降水利用率

我国北方降水普遍偏少，而蒸发量大，水分短缺成为苹果生产的主要制约因素之一。提高天然降水的利用率，最大限度地发挥天然降水的功效是我国果业生产中的关键环节。

6. 净化土壤，控制病虫害

在病虫害防治过程中，农药的不合理使用已对土壤造成污染，影响果树的生长发育。因而对土壤进行净化已刻不容缓。

（二）土壤科学管理的主要措施

1. 科学施肥，促进树体生长，以利高产优质

（1）增施有机肥，改良土壤　创造肥沃的土壤条件，为根系健壮生长、提高树体吸收能力创造良好的条件。有机肥中养分含量全面，有益微生物含量高。大量施用后，可改善土壤理化性状，增加团粒结构，增强透气性，加速土壤养分的分解，使速效养分含量增加，有利植物吸收。生产中要保证每亩园地施用优质农家肥4000～5000kg。

（2）合理施肥，防止土壤板结与碱化，保证树体健壮生长　生产中要将化肥与有机肥配合施用，以防止土壤板结、调整土壤酸碱度，创造适宜苹果树体生长的土壤条件。如果果园土壤偏碱性，可施用果渣、味精加工下脚料所制成的有机肥，以降低土壤pH值。

（3）施用生物菌肥，增加土壤生物菌量，活化土壤，提升土壤养分的利用效果　生物菌肥可促进土壤团粒结构的形成，增加土壤生物活性，促进速效性养分的释放，有利于根系生长，提高植株的抗逆性。生物菌肥必须与有机肥配合施用，单独施用无效，且主要在秋季施用基肥时施入，每亩施用量为10～15kg。

（4）施用沼肥，促产提质增效　随着国家绿色能源建设步伐的加快，沼气、沼肥生产量逐渐加大，沼肥已成为培肥果园土壤的主要肥料之一。沼肥含有丰富的有机质、氮、磷、钾和多种微量元素，是速缓兼备的优质有机肥。沼肥在苹果生产中应用后，可促进树体生长发育，能明显提升苹果产量，改善苹果品质，提高苹果风味，减少化肥和农药的施用，对蚜虫、螨类的危害有明显的抑制效果。沼肥在苹果生产中可全年应用，在量少时应重点保证在9月中旬作基肥施用。根据树的大小，在主干周围开3～4条放射状沟，沟长50～80cm、宽30cm、深40cm，每株施入充分腐熟的沼肥25～50kg，等沼液下渗后覆土。生长期可用沼液追肥，一般在开花前2周，每株浇肥15～20kg，8月果实膨大期，每株浇肥20kg左右。

2. 深翻中耕，疏松土壤，改善土壤理化性状

在果树栽植时推荐使用营养槽栽植法。通过开挖营养槽来疏松土壤。一般开深、宽各为1m的营养槽效果好，挖时心土、表土分置，回填时最好填入腐烂的杂草，以增加土壤有机质含量，用表土埋沟、心土撒施地表，以加速熟化。在栽植后分2～3年对全园土壤进行一次深翻，以加速土壤熟化。

在生长季要结合除草进行多次中耕，通过中耕切断土壤毛细管，减少土壤水分的蒸发损失，以及杂草生长对土壤养分和水分的消耗。

3. 推广生草制，提高土壤肥力

有灌溉条件的果园可实行生草栽培。通过在果园种植低秆、浅根、生长期短的白三叶、黑麦草等覆盖地面，抑制杂草生长，减少水分蒸发和水土流失，减少地表温度波动，促进根系的生长发育。生长期对所种草进行刈割，压树盘，覆草腐烂后可提高土壤有机质含量，培肥土壤。果园生草时，以行间生草为主，要留足果带。一般以在距树冠外缘30cm外种植为宜，在草高30cm时要及时割压。

4. 实行覆盖栽培，保护土壤结构，减少土壤水分蒸发，提高天然降水利用率

降水稀少、水资源紧缺是我国北方农业发展的主要限制因素。近年来我国苹果产区立足当地实际，就地取材，大面积推广果园覆盖技术，提高天然降水的利用率，促进果树生长结果的正常进行，提高苹果产量、质量和效益。生产中主要推广了覆沙、覆草、覆膜节水栽培技术。

（1）覆沙栽培　覆沙栽培是甘肃中东部地区传统的栽培模式。覆沙具有增温、保墒、减少水分蒸发损失的作用。每亩地用干净河沙20m^3，全园覆盖厚度3～4cm，果园覆沙后可有效地降低土壤水分的蒸发损失，提高天然降水的利用率，保证树体健壮生长。同时，覆沙后有效地增大了昼夜温差，非常有利于树体糖分的积累，覆沙栽培的苹果品质非常优良。

（2）覆草栽培　覆草也是我国苹果产区果园土壤管理的主要措施之一。通过覆草，可有效地控制土壤水分的蒸发损失，最大限度地提高天然降水的利用率，同时覆草腐烂后，可有效地提高土壤有机质含量。一般用玉米秸秆或麦草进行整园覆盖，覆盖厚度为15～20cm，3～4年覆草腐烂后翻入土壤，改良土壤效果非常理想。

（3）覆膜栽培　地膜覆盖栽培由于具有投资少、保墒效果好的优点，近年来在我国苹果产区大面积推广应用。特别是黑色地膜具有保墒抑草、省工节肥的作用，近年来其应用范围呈现逐年扩大态势。该技术要点为：在9～10月份，于树冠外沿垂直向下挖2～4个长、宽、深各40～50cm的施肥穴，每亩施用2000～3000kg有机肥，在施肥穴外顺行方向，做宽、深各为30～40cm的灌水、集雨沟；起垄，在垄和施肥穴上每边覆盖1～2m的黑色地膜，实行全园覆盖，可有效地解决土壤水分短缺、果树生产缺水的问题。

5. 秋季耕翻土壤

秋季耕翻土壤，经冬季冷冻日晒，可有效杀灭土壤中越冬的病菌、虫体，减少其越冬量。同时增施有机肥，可加速土壤中农药残留的分解，通过综合措施的应用，减少土壤中危害物的总量，使土壤结构得到改良。

三、精品苹果生产中要加强根系保护

苹果树的生长、结果好坏与根系关系密切。一般根系强大，则树体的吸收能力强，树体健壮，结果能力强，有利高产优质；反之，则树势弱，易导致低产劣质。但生产中根系损伤是不可避免的，根系受到伤害，直接影响树势，进而影响苹果产量、质量和效益。

（一）苹果生产中根系损伤的原因

1. 干旱导致毛根枯死

果树地下部分与地上部分是相对应的，地下部分由主根、侧根和毛根三部分构成，其中主根、侧根主要起固定作用，毛根主要起吸收作用。毛根分布比较浅，大多分布在地表下20～60cm。毛根生命力弱，要求较高的土壤湿度，一般在土壤相对含水量达60%以上时，毛根生长旺盛，如果低于该值，则毛根生长受到抑制。土壤干旱、墒情差时，毛根就会枯死，导致树势衰弱。这就是干旱山地生长的果树多不旺的主要原因。在生产中我们会发现，生长在阴坡的果树普遍较生长于二阴地的果树旺，生长在二阴地的果树较生长在阳坡地的果树旺。其根本原因是：阴坡、二阴地的温度较阳坡地低，水分蒸发损失少，相对供给树体生长的水分多，毛根生长量大，吸收能力强，则树势旺。

2. 田间作业不当，易导致根系大量损伤

主要表现在以下三个方面：

（1）施肥部位不当，离树干太近，伤根太多　一般根系的伸展范围与地上部分的枝展相似。目前生产中普遍存在施肥距树干较近的现象，特别是追肥多在树冠以内呈梅花状穴施，这种方法伤根较多，易导致树势衰弱。

（2）田间耕作次数过多，伤根较多　目前我国苹果生产很多采用清耕栽培，一年中进行多次中耕，加上多次施肥作业，田间耕作次数达7～8次。田间多次耕作，会造成伤根，影响树体的吸收功能。

（3）旋耕机耕作对根系的伤害　旋耕机耕作在生产中伤根最严重，特别是进入结果期后的果园，毛根基本布满全园，如果采用旋耕机耕作，会造成大量毛根损伤，严重影响树体的吸收功能，对苹果品质和产量影响较大，会大大地降低大果的比例，这已是目前生产中最突出的问题之一。

3. 除草剂的连续使用

除草剂在生产中的应用，大大地提高了劳动效率，减轻了劳动强度，但除草剂连续使用的副作用不容忽视，生产中最明显的表现是植株地上部分叶片失绿变黄，如果挖开土壤，我们会发现毛根多变黑枯死。除草剂在除草的同时，会在土壤中累积，对根系造成伤害，导致毛根死亡，影响树体的吸收功能，导致树势变弱。

4. 水涝危害

果树的根系生长具有好气性，如果浇水过量或降雨太多，会导致土壤缺氧，影响根系的生长，甚至导致死亡。生产中我们会发现浇灌过量的果园易出现叶片发黄现象，这一方面是由于浇水过多，导致土壤养分淋溶流失，果树吸收量减少；另一方面是浇水过多时，土壤理化性状发生变化，通透性变差，会导致部分毛根死亡，影响树体的吸收功能。

5. 肥害

肥害主要表现在两个方面：一是施用未腐熟的农家肥，对根系造成危害；二是施肥浓度太大，会烧伤根系，特别是生产中穴施肥料，对根系的伤害较明显。

（二）保护根系的措施

生产中根系损伤的原因是多方面的，伤根直接影响树体的吸收功能，因而保护根系是苹果生产中的重要管理内容。只有形成强大的根系，才能促进地上部分健壮生长，促进苹果生产优质、高产、高效，因而应采取综合措施以保护根系。

1. 创造有利于根系生长的环境

一般根系生长需要湿润而温度相对稳定的环境条件，干旱和夏季高温是导致根系生长受限及死亡的主要原因，因而改善水分供给状况及夏季降低地温对于根系的生长是十分有益的。生产中可通过以下措施达到上述目的：

（1）实行覆盖栽培　覆盖栽培是旱地果树丰产的重要措施。通过覆沙、覆草、覆膜可有效地降低土壤水分的蒸发损失，提高天然降水的利用率；同时土壤大部分被覆盖物覆盖后，夏季地温比较稳定，有利于根系生长。我国果区群众先采用白膜覆盖，以提高地温，促进树体早发快长，形成较大叶面积，提高前期光合效能，以促进先期果实细胞数量的增加，为生产大果创造条件；到夏季高温来临时，再在膜上覆盖一层土，以降低地温，促根生长，同时由于膜上覆土后进光受限，可很好地抑制杂草的生长，效果很好。

（2）果园种草　果园种草是现代果业发展的方向。种草可以很好地提高土壤有机质含量，培肥地力；改善田间生物群体结构，增加有益生物的数量，减少有害生物危害；减少田间的蒸发损失，提高天然降水的利用率；更为重要的是生草后，由于草的覆盖，土壤温度比较稳定，这对于根系的健壮生长是十分有益的，在有浇水条件的地方应大力推广。

2. 规范田间作业，减少根系损伤

（1）减少田间耕作次数　应尽量将施肥、除草等田间作业配合进行，减少田间耕作次数。除草作业可实行人工拔除或割草，对于鲜嫩的草（像灰菜等）可采用长竿横扫的方法，以控制地上部分的生长，减少土壤翻动次数，以保护根系。

（2）正确使用旋耕机　旋耕机的应用提高了果园机械化作业水平，但要注意正确应用。应以在幼树期应用为主，以旋耕行间为主，树盘内要避免旋耕。在果树封行后，要停止旋耕机作业。

（3）适位施肥　大量的吸收根通常在树冠滴水线稍内的地方。为了提高肥料的利用率，可将肥料施在树冠滴水线稍内的部位，既对根系损伤少，又有利于树体对肥料的吸收利用，是比较理想的施肥部位。

3. 肥害的克服

根据生产经验，在施肥时采用以下措施，可减轻肥害，促进根系生长：

① 有机肥要充分腐熟，特别是农家肥要经过发酵处理，避免生粪直接施用。随着沼气的普及，应大面积地推行施用沼渣、沼液等肥料。没有沼肥的地方，可将人粪尿、畜禽粪便与干土分层混堆发酵或混入鲜草泥封发酵后施用。

② 避免施肥距根过近，防止肥料灼伤根系。

③ 肥土要充分混合。在施肥时将肥料放入施肥沟或施肥穴中后，要填入表土，将肥土充分混匀，以降低肥料浓度，防止伤根。

④ 趁墒施肥。浇灌条件有限地区，施肥应尽量在雨后进行，利用降水后墒情好的有利机会施肥，以加快肥料转化，提高肥料利用率，减轻肥害。

⑤ 扩大施肥面积，避免集中施用。肥料充足时提倡撒施，以扩大施肥面积；肥料少时，可采用开条沟施或放射状沟施。要尽量避免点状穴施，以减少根系损伤。

4. 除草剂危害的克服

生产中的主要措施有：

① 改清耕栽培为生草栽培。有浇灌条件的地方可推广生草栽培，旱地果园可推广半生草栽培，在雨季可减少除草次数，利用野生草肥田，通过割草或长竿横扫的方法，控制草的生长高度。

② 坚持人工除草的方法，控制杂草的危害。

③ 控制化学除草的次数。如果田间恶性杂草较多，可用化学除草的方法，但每年化学除草次数不要超过 2 次，而且最好隔年施用。

5. 水涝的防治

通常自然水涝在我国北方果园发生较少，而浇灌造成的水涝是危害毛根的主要因素。在有浇灌条件的地方，浇灌时应注意控制浇灌次数和灌水量，防止田间积水影响根系生长。

第六节　强化水分管理，克服干旱对苹果生产的不利影响

水是苹果树生命活动不可缺少的物质之一。在我国北方降水量不足成为精品苹果生产的最大制约因素。

一、干旱对苹果生产的影响

水分是苹果生产中不可或缺的物质之一，树体中含水量约为 70%～95%。

若土壤水分补给不及时，苹果树从土壤中吸收的量小于其自身蒸发损失的量时，苹果树的正常生长发育就会受到不同程度的抑制或损害，导致树势衰弱，抽枝困难，落果、落叶，减产甚至绝收。干旱的程度越严重，对生产造成的损失就越大。

干旱在苹果树生长发育不同的时期造成的危害是不一样的。在苹果树发芽期，如果降水稀少，土壤水分含量低，则会延迟发芽，导致发芽不整齐；花期少雨，易出现落花现象；新梢生长期缺水，新梢短，生长量不足，出现小老树，结果能力会受到抑制，枝干易患日烧病；果实膨大期缺水，果实发育受到影响，果个难以充分膨大，果实品质下降。

二、苹果树需水规律

苹果树发芽至花期，叶幕小，气温低，总耗水量不多，需水量较少。在5月中下旬，新梢生长最快的时期，树体需要消耗大量水分，叶片蒸腾作用也需要消耗大量水分，习惯上称此时期为需水临界期。当果树进入缓慢生长期，花芽开始分化，适度的干旱有利于花芽分化。在落花后1个月和果实成熟前75～45天，是由果实大小确定产量的重要时间，缺水不利于果实充分膨大。9月份后，根系进入第三次生长高峰，树体进入养分积累贮藏阶段，水分供给充足对增加树体营养贮藏非常有利。冬春季风大，土壤水分蒸发损失大，影响树体生长。

苹果树的需水时期，应根据一年中各物候期的要求、气候特点和土壤水分的变化规律灵活掌握。一般在整个生长期中，前期（春梢停长前）应保持较高的土壤湿度，土壤相对湿度应在70%～80%，果实生长期土壤相对湿度维持在50%～60%较理想。

三、现代苹果生产中的供水方法及方式

在水源充足、有浇水条件的地方，要根据土壤墒情及降雨情况适时进行灌溉，以促进树体健壮生长和产量的提高。浇水时应把握“春灌好、夏灌巧、秋灌少、冬灌饱”的原则。

春灌好：在土壤日消夜冻的情况下，及早浇水，春季浇水应充分浇透，地表露白后，及时耙耱，以保持土壤水分，增加地温。

夏灌巧：夏季浇水要按少量多次的原则进行，见干就浇，将土壤相对湿度控制在60%～80%。

秋灌少：秋季自然降水多，果园一般不缺水，如果干旱，可少量浇水，防止浇水过多，引起枝梢旺长，消耗过多树体营养，削弱树势，影响成花及果实着色，降低果实产量和品质。

冬灌饱：冬季浇水时，要充分灌透果园，使土壤含水量达到饱和状态，以利树体安全越冬。

现代苹果生产中大面积推行滴灌、喷灌等节水灌溉技术，以节约用水，减少劳动用工。现代苹果生产中灌溉的方式主要有以下几种：

1. 滴灌

滴灌是一种新型的灌溉技术，它按果树的需水量供水，在水源处把水过滤、加压，经过管道系统把水输送至每株果树树冠下，由几个滴头将水一滴一滴、均匀而又缓慢地滴入土中。水源开启后所有滴头同时等量地滴水灌溉。这

种供水方式使果树根系周围土壤湿润，而果树株行间保持相对干燥。滴灌有许多优点：省水，用水量是喷灌的1/2，是地面漫灌的1/3甚至更少；不需要整地；果树生长、结果好，产量高，品质优；管理省工，效率高；另外滴灌还具有提高果品质量、促进果树生长发育、适应复杂地形、提高灌溉效率等优点。滴灌为干旱、半干旱山丘地区果树灌溉提供了一条投资小、见效快的新途径。

滴灌的形式主要包括以下几种：

（1）固定式地面滴灌　一般是将毛管和滴头都固定地布置在地面（干、支管一般埋在地下），整个灌水季节都不移动。毛管用量大，造价与固定式喷灌相近，其优点是节省劳力。由于布置在地面，施工简单而且便于发现问题（如滴头堵塞、管道破裂、接头漏水等），但是毛管直接受太阳曝晒，老化快，而且对其他农业操作有影响，还容易受到人为的破坏。

（2）半固定式地面滴灌　为降低投资，只将干管和支管固定埋在田间，而毛管及滴头都是可以根据浇灌需要移动的。半固定式地面滴灌投资仅为固定式的50%～70%，但增加了移动毛管的用工，而且易于损坏。

（3）膜下滴灌　在覆膜栽培作物的田块，将滴灌毛管布置在地膜下面，这样可充分发挥滴灌的优势，不仅克服了覆地膜后灌水的困难，而且大大减少了地面的水分蒸发。

（4）地下滴灌　地下滴灌是将滴灌干管、支管、毛管和滴头全部埋入地下。其优点是可以大大减少对其他耕作的干扰，避免人为的破坏和太阳的辐射，减慢老化，延长使用寿命；缺点是不容易发现系统的事故，如不作妥善处理，滴头易被土壤或根系堵塞。

2. 喷灌

喷灌即喷水灌溉，利用水泵和管道系统，在一定压力下把水经喷头喷洒到空中，散为细小水滴，像下雨一样地灌溉。喷灌的优点是节水，不需要整地，果实产量高、品质优，灌溉效率高，并且有利于改善果园小气候。喷灌按竖管上喷头的高度分为三种形式：一种是喷头高于树冠的，每个喷头控制的灌溉面积较大，多用高压喷头；一种是喷头在树冠中部，每个喷头只控制相邻4株树的一部分灌溉面积，用中压喷头；另一种是喷头在树冠下，一株树要用多个小喷头，每个喷头控制的灌溉面积很小，这种低喷灌又称微喷，只用低压喷头。微喷一般不受风力的影响，比中、高喷灌更省水。

四、苹果生产中干旱现象的克服

（1）苹果覆沙栽培　苹果覆沙栽培（图3-12）是静宁独特的栽培模式。静宁覆沙栽培模式起源于20世纪50年代，最初用于瓜菜等园艺高效作物，在

20 世纪 80 年代，静宁开始规模化发展苹果产业，大面积幼龄果园开始间作套种瓜菜作物，促使了覆沙栽培在苹果生产中的推广应用。

图 3-12 苹果覆沙栽培（见彩图）

① 根据静宁的经验，覆沙栽培具有以下优点：

a. 具有很好的保墒性能。土壤覆沙后，一方面可有效地阻止土壤水分的蒸发损失，提高土壤供水能力；另一方面，覆沙可有效地拦截天然降水，提高天然降水的利用率，对作物生长非常有利。据测定，覆沙的土壤水分含量较裸露的土壤高 5%～8%。

b. 具有明显的增温效果。沙石白天吸热快，一般沙田地温较裸地高 2～3℃，有利于根系生长，形成强大的根群，提高植株的吸收能力。

c. 可有效地增大昼夜温差。沙石白天吸热快，夜间散热快，土壤覆沙后可增大果园的昼夜温差。昼夜温差的增大，有利于增加糖分的积累，改善果实品质。

d. 具有一定的防病虫害作用。果园覆沙后，树体生长的水分供给条件得到改善，树体生长健壮，抗病性增强。同时，害虫的生活环境恶化，可有效地抑制虫害，特别是对金龟子、食心虫的抑制作用明显，可大大降低害虫密度。

e. 可有效地改善根际生长环境，保护耕作层，促进根系生长。果园覆沙后，根系生长的环境得到改善，通透性良好，非常有利于根系生长。

② 苹果覆沙栽培的要点：

a. 建园。由于覆沙栽培的树体生长量大，栽培密度一般较裸地小。静宁覆沙栽培以乔砧为主，一般栽植密度为 33 株/亩，栽植时采用大坑大肥大水法进行土壤改良，促进树体成活和幼树生长。按照 4m×5m 的株行距标准，开挖 80cm 见方的定植穴，每穴施入 15～20kg 充分腐熟的有机肥。肥土混匀填坑，然后栽植2～3年生大苗，每穴浇水25kg左右，水渗后覆土，以防板结。对所栽植的2年生植株在80～100cm处定干，套膜袋，防抽干，促成活。

b. 覆沙。在果树栽植后，要及时耕翻平整土地，然后全园覆盖一层10～15cm厚的细绵沙，一般每亩需20m^{3}左右。覆一次沙可应用20年以上，覆沙时要保持沙、土两清，防止沙、土相混在雨后出现板结。覆沙后3～5年，沙层变薄时，可随时添加覆沙，保持覆盖层在10～15cm，以提高覆盖效果。

c. 幼龄果园间作。在建园后的前三年内，果园内空间较大，可充分利用行间进行间作。静宁幼龄果园间作主要以瓜菜、豆类、洋芋为主，尤以瓜菜生产效益高、种植普遍，每亩收入在2000元以上。在幼龄果园间作时应把握“留足果带，坚持以果树生长为中心”的原则，防止影响果树生长。

d. 土壤管理。覆沙栽培的土壤管理较简单，由于覆沙后，土壤耕作层得到有效保护，土壤经常保持疏松状态。覆沙栽培土壤管理的关键是在覆沙前要进行细致耕翻，以创造疏松的土壤条件。一般在覆沙前要对土壤进行旋耕，保持耕深在30cm以上。覆沙后，每年仅在秋季或早春结合施肥，对土壤进行一次耕翻，生长季进行数次铲草，土壤不再进行耕作，可大幅度地降低果园劳作用工。

e. 肥料管理。在覆沙栽培中，肥料管理比较费工。一般施肥时，先要用刮板轻轻地将沙顺行刮起，将肥料均匀地撒施于地面，进行耕翻，然后耙平地面，再将沙覆好。覆沙栽培施肥的方法是少次足量施肥法，一般每年施肥2次左右，一次是基肥，一次是追肥。基肥在果实采收后至土壤封冻前或早春土壤解冻后施入，施肥时将土杂肥、有机肥、磷钾肥等肥料一次性施入，施量根据树的大小、成花情况灵活掌握。总体掌握每生产100kg苹果施用充分腐熟的有机肥150～200kg、过磷酸钙5kg左右、硫酸钾2kg左右。追肥重点在7月份前施入，一方面促进花芽分化的顺利进行，另一方面促进果实的充分膨大，以增加产量、提高品质。追肥重点以三元复合肥为主，按照每生产100kg苹果施用三元复合肥3kg左右的标准施入。由于追肥施量少，可梅花状穴施，施肥时在树梢外缘呈梅花状将沙刮起4～12处，用特制铁铲打孔，将肥料灌入，然后用土封孔，复原覆沙。

f. 水分管理。覆沙以后，果园供水状况得到改善，一般天然降水可保证果树正常生长之需，不需特别浇水，可减少灌水用工和灌水费用。

g. 修剪。覆沙栽培苹果由于栽植较稀，生产中选用的树形主要以改良纺锤形为主，修剪时基部选留三主枝，全树留枝轴12～15个，树高控制在3.5m左右，树轴保持单轴延伸。这种树形枝量少，修剪对树体的刺激作用小，有利于树势缓和，促进成花结果。一般红富士可实现四年成花结果、五年丰产的目标。

由于覆沙栽培苹果水分损失得到有效改善，树体新梢生长量大，一般年新梢生长量在 80cm 以上。为了拉开枝轴与中干的粗度差，在幼树修剪时，普遍采用“一年定干、二年重剪、三年拉枝、四年成花、五年挂果”修剪法。在栽植后及时定干，促进分枝，萌芽后，抹除离地面 60cm 以内的萌芽，在 20cm 整形带内留方位较好的枝 4～5 个。第二年修剪时，将选留的枝、中干延长枝剪去 1/3，疏除 2 芽竞争枝，其余枝留 2～3 芽极重短截。第三年形成萌芽后，极重短截的枝留背后芽，抹除其余芽，促成基部三主枝，在最上边主枝 20cm 处开始选留枝轴，保持枝轴螺旋上升，进行拉枝缓势。第四年将中干延长枝剪去 1/3，促进分枝，选留枝轴，秋季对长度达 100cm 的新梢进行拉枝。第五年将中干延长枝剪去 1/3，促进分枝，选留枝轴，秋季对生长达 100cm 的新梢进行拉枝。这样五年后树体可基本成形。

在进入结果期后，要修剪定形。重点是规范树形，对幼树期选留过多的辅养枝要逐步疏除。树体达标准高度后，要拉头控高。注意培养下垂枝结果，以增加结果部位，提高苹果产量和品质。

进入盛果期后，随着田间枝量的增加，园内光照恶化，修剪重点应转向优化光照条件，防止结果部位外移，实现稳产优质的生产目的。生产中应用的主要修剪措施为以下四个方面：一是注意及时落头，对超过标准高度的部分要剪除，以改善果园的整体光照条件；二是及时提干，对树干过低的，要分年度疏除基部枝，使树干高度提高到 100cm 以上，以提高树对地面反射光的利用率；三是疏枝，对于过密的大枝要分年疏除以拉开层间距，增加侧射光的利用率；四是要增加对结果枝的更新，红富士最佳结果枝龄为 3～5 年，一般 7 年生以上的枝结果能力逐渐下降，结果枝老化导致产量和品质很难提高，因而要及时对结果枝进行更新，保持枝龄在 5 年生以内，以保持旺盛的结果能力。

h. 有害生物的控制。静宁空气较干燥，病虫危害较轻，病虫害防治的关键时期在春季萌芽后至夏季套袋前，其中最关键的是花蕾露红期石硫合剂的喷施。此期用药如果喷用及时周到，可很好地控制全年病虫害，特别是对白粉病、霉心病、腐烂病、介壳虫、红蜘蛛的防治将起决定性作用。在落花后至套袋前一般需喷药 2～3 次。此期喷药应以质量好、药效高、对幼果刺激作用小的甲基托布津、仙生、大生、多抗霉素、苦参碱、阿维菌素、啶虫脒、克螨特等为主，控制蚜虫、螨类、红黑点病、斑点落叶病的发生，结合喷药，进行叶面补肥。叶面补肥应以氨基酸肥料为主，在此期喷药最关键的是套袋前一次用药。套袋前一次用药应在套袋前一周内施用，如喷后一周未完成套袋或喷后遇雨，应及时补喷，以提高控制效果。套袋后病虫害防治的关键是保护叶片，可根据病虫害的发生情况，用药 1～2 次。

（2）苹果覆草栽培

① 长期的生产实践证明，苹果生产中应用覆草栽培（图 3-13、图 3-14），具有以下明显的好处：

图 3-13　苹果生产中的覆草栽培（一）(见彩图)

图 3-14　苹果生产中的覆草栽培（二）(见彩图)

a. 可提高天然降水的利用率。果园覆草后，雨天降水可通过草缝渗到土壤中贮存起来，天晴时覆草便成为一道天然屏障，可阻止水分的蒸发损失，提高天然降水的利用率，促进树体生长、结果的顺利进行。

b. 有利于形成强大的根群，增强树体的吸收功能，促进树体旺长。果园覆草后，表层根系得到有效保护，可防止干旱导致表层根系死亡，有利于形成强大的根群。据观察，连续覆盖 3 年以上的果园，表层根系量较对照（不覆盖）增加了一倍多。

c. 有利于保护土壤结构。果园覆草后，土壤结构得到了有效保护，可有效地防止板结、盐渍等情况的出现，土壤的透气性较好，有利于树体生长。

d. 有利于提高土壤肥力。果园覆草 2～3 年后，草经风吹、日晒、雨打、霜冻的作用，会逐渐腐烂，腐烂后的草可结合施肥进行埋压，可大幅度地提高土壤有机质含量，培肥地力，使土壤变得疏松肥沃。

② 目前我国的覆草方式主要有三种：

a. 树盘覆盖。草量少时，仅将树盘用草覆盖，但由于覆盖的范围小，效果有限。

b. 株间覆盖。草量有限时，可将株间用草覆盖，随着覆盖范围的扩大，对水分的利用率提高，可为土壤提供相对多的有机质，对土壤和根系的保护范围扩大，效果相对树盘覆盖有很大提高。

c. 整园覆盖。草量多时，可将全园土壤用草覆盖，这是覆盖效果最好的方式，保水及增肥、保护土壤结构等效果最明显。

③ 果园覆草可就地取材，作物的秸秆、野生的杂草、树的落叶均可利用。对覆盖的厚度要求不严，但覆盖效果与覆盖厚度有极大的关系，一般覆草越厚，效果越明显。像玉米秆、高粱秆等较粗的作物秸秆，单层覆盖就有一定的效果，麦草、糜草、荞麦秆、洋芋蔓、树叶等的覆盖厚度至少应在 5cm 以上，当然最理想的覆盖厚度应在 20cm 左右。可根据草量的多少选择覆盖方法和覆盖厚度。

④ 果园覆草注意事项：

a. 最好在丰水期覆盖，提高捂墒效果。在秋末冬初降水集中期或春季土壤解冻后及时覆盖，可减少土壤水分的蒸发损失，提高捂墒效果。

b. 覆草后，可在草上撒一层薄土。冬春季风大、草干，易发生火灾或大风将草吹拢，在草覆盖好后，可在草上撒一层薄土。

c. 覆草要注意连续性。覆草栽培果园，根系易出现“泛表”现象，表层根系量明显增加，如果将草埋压后不再覆盖，表层根系极易受干旱而死亡，导致树势衰弱。因而覆草应连续进行，在覆草埋压后，应重新覆草或在地表盖一层土，以保护表层根系。

⑤ 根据多年管理经验，覆草果园与普通果园相比，存在以下不同点，在生产中应注意落实相应的管理措施：

a. 除草。果园覆草，对杂草的生长有一定的抑制作用，特别在覆草达到一定厚度的情况下，杂草萌芽后因见不到光而自然枯死。但恶性杂草由于具有顽强的生命力，会继续生长，生产中可通过人工拔除的方法进行清除，减少杂草对土壤水分、养分的消耗。

b. 施肥。覆草的果园，草在腐烂过程中，对土壤中氮素的消耗比较多，因而果园覆草后要相对增加氮肥的用量，以加速草的腐烂进程。生产中采用的最普遍的方法是趁雨天撒施尿素，施量据覆草范围的大小而定，每次每亩用量3～10kg，每年至少撒施2次，其他肥料管理同普通果园。

c. 喷药。果园覆草后，所覆的草易成为病菌和虫体的寄生场所，在用药时，要相应地对草进行喷施，以杀死寄生在草内的病菌和虫体，提高病虫害的防治效果。特别在冬春季清园时，对覆草用药一定要高度重视，以有效地降低病虫越冬数量，提高清园效果。

d. 修剪。果园覆草后，树体生长量明显增大，树势较旺，修剪时应注意对树势的控制，防止旺长。最有效的方法是对过旺枝拉枝改造，通过对直立的、斜生的较旺枝拉枝变向，促进花芽形成，使其转化为结果枝。通过结果分散枝势，从而达到控制旺长的效果。一般在苹果生产中，对粗度达到香烟粗的枝条均应拉下垂，在结果3～4年后，在后部培养新的结果枝，对结果后老化的、结果能力下降的枝进行疏除、替换更新，使结果枝保持健壮，从而提高树体的结果能力，促进产量和效益的提高。

(3) 苹果高垄覆膜栽培技术　在长期的生产实践中，我国群众探索出了多种覆盖捂墒措施，其中地膜覆盖是主要形式之一。随着栽培时间的延长，覆盖方式不断被修正完善，其中最主要的变化是地膜覆盖由平作变为垄作，覆盖效果更理想。

① 根据静宁覆盖栽培的表现，苹果树垄作覆膜（图3-15）具有以下优点：

a. 可有效地阻止土壤水分的蒸发损失，克服干旱对果树生长、结果的不良影响，促进产量和效益的提升。据测定，覆膜的果园根际土壤水分含量较裸地的提高5～7个百分点。

b. 增加天然降水的利用率。苹果树的主要吸收根分布在树冠外沿，通过起垄覆膜，在降雨时，地膜可起到集雨场作用，将降水的85%～90%集中到根群主要分布区，增加果树的吸收量，从而使水分、养分高度耦合，提高肥水利用率。

c. 垄作覆膜有一定的防病虫害作用。通过覆膜，可阻止土壤中越冬病虫出土，特别是对食心虫作用明显。垄作后，根际（特别是老根区）土壤水分含量相对稳定，特别是雨季可防止因根际积水而导致根系死亡，对根系的生长很

图 3-15　苹果树垄作覆膜（见彩图）

有利。

d. 具有很好的节水效果。有浇水条件的地方，可减少浇水次数和浇水量，通常节水 70%左右。

e. 可有效地保护耕作层。覆盖栽培后，可防止土壤养分的淋溶渗漏及碱化板结。

f. 稳定地温。生产中采用黑色地膜覆盖或白色地膜覆盖上面苫土后，根际土壤温度比较稳定。据测定，采用以上方式覆盖的土壤温度变幅在 5～10℃，特别是夏季根际土壤温度较低，为根系生长创造了良好的条件。

g. 具有明显的抑草作用。黑色地膜覆盖或白色地膜覆盖上面苫土后，可阻止多种杂草的生长，具有明显的抑草作用，从而减少果园用工，降低劳动强度。

② 高垄覆膜栽培主要技术要点。

a. 疏松土壤。苹果垄作覆盖栽培时，在覆盖前要对行间土壤进行中耕深翻。由于苹果的毛根分布较浅，绝大部分分布在地表下 20～40cm 处，因而树盘内疏松土壤时应以浅耕为主，以保护毛细根系，同时耕翻时要注意以近主干处浅、行间适当深的方法进行。

b. 施足肥料。苹果生产需肥较多，垄作覆盖栽培后，施肥作业不便进行，因而在覆盖前一定要施足肥料。生产中提倡“一炮轰”施肥法，按照目标产量，确定施肥量，然后将有机肥、磷肥、钾肥及氮肥的大部分（70%左右）在覆盖前一次性施入。像亩产 3000kg 苹果的情况下，每亩需施入优质土杂肥 10000kg、过磷酸钙 250kg、硫酸钾 60kg、尿素 60kg，在这些肥料中除留

20kg 左右尿素在 6 月份左右作追肥外，将其他的一揽子施入，有条件的在施肥后浇水，没有条件的立即覆盖。

c. 适时覆盖。提倡丰水期覆盖，以提高覆盖效果。静宁县秋季降水多，土壤墒情好，因而覆盖以秋季进行为好。早春也可进行，但早春覆盖越早越好，一般在 3 月上中旬进行，多进行顶凌覆盖，以减少土壤跑墒，提高土壤含水量。也可在夏季雨后抢墒覆盖。

d. 培土起垄。苹果垄作覆盖栽培时，垄不宜太高，以水能自流为原则。起垄时以树行为中心，将行间的土培于树盘内，做高 15～20cm、宽 2.5～3.0m 的土垄，使近主干部分高，而行间低，形成 10°左右的坡面。垄面整平，并适当拍实。

e. 覆盖地膜。以树干为中心，按树龄大小，在树干两侧分别覆盖 0.8～1.4m 宽幅的地膜，地膜中缝及周边用土压实，防止风吹开，如果覆盖的是白色地膜，最好在膜上苫一层 3～5cm 的细土，以稳定地温，抑制杂草生长。

f. 生长期管理。垄作覆盖栽培的苹果树生长期管理的重点内容如下：

之一，保护地膜。覆盖栽培后，要保证膜的完整性，以延长覆盖时间。一般若保存得好，覆一次可保证应用 2 年。覆膜后田间作业时，特别是疏花疏果、果实采摘、修剪等应用梯子时，梯子着地点可用编织袋包裹，防止扎破地膜。膜上压土，防止膜风化，延长其使用寿命。

之二，追肥以采用行间沟施为主，有条件的可采用追肥枪施肥，以充分发挥肥效。

之三，有浇水条件的在 5 月、8 月分别浇一次水，以促进树体健壮生长和果实膨大，提高产量。

之四，行间保留低矮浅根杂草，实行自然生草栽培。对恶性杂草要及时人工拔除，将拔除的杂草压在行间覆盖，减少土壤水分的蒸发损失。杂草腐烂后，可增加土壤有机质含量，培肥土壤。

③ 苹果生产中的秋覆膜技术。干旱是我国苹果生产中的主要自然灾害之一，对苹果生产影响较大。提高天然降水利用率是抵御干旱的重要措施之一，地膜覆盖栽培是提高天然降水利用率的重要方法。以往大多采用春覆膜的方法，近年来静宁县借鉴粮食作物秋覆膜的方法，在苹果生产中将覆膜时间提前到秋冬季，并取得了良好效果。现将这一措施介绍如下，以供交流：

a. 秋覆膜的好处。

之一，有利于提高天然降水的利用率。静宁年降水的主要时间在秋季，相比较而言，秋季是丰水期，土壤墒情好，而冬春季多风，土壤水分蒸发量大，损耗多。秋季覆膜可减少土壤水分的蒸发损失，提高降水的利用率。

之二，有利于增加树体的营养积累。秋覆膜可显著延缓地温下降，延长根系的生长活动期，明显增加果树的新根数量，增强树体的吸收功能，促进微生物活动，防止叶片过早脱落，对于果体的养分积累非常有益。

之三，有利于病虫害的控制。土壤是病虫越冬的主要场所之一，在秋季覆膜可有效地减少土壤中越冬的病虫数量，对全年病虫害的控制有一定效果。

b. 秋覆膜的技术要点。

之一，秋覆膜的时间：秋覆膜在基肥施用后到土壤封冻前均可进行，秋雨多的年份可适当延迟，秋雨少的年份应适当提前，总的原则是尽量保持土壤水分含量最大化。

之二，覆盖方式：平覆、垄覆均可，最好采用垄覆。垄作覆盖栽培后，可加厚根际土层厚度，有利于增加根群数量，增强树体的吸收功能。一般起垄覆盖时，在树干处土表面可高出地平线20cm左右，向树梢部渐低，形成一定的坡度，以利降水流淌到根群主要分布区，减少地膜积水，控制蒸发损失，提高水分利用率。

之三，覆盖地膜的选择：目前苹果生产中覆盖的材料有白色地膜、黑色地膜和无纺织布等。白色地膜覆盖升温快，有利于树体生长，在幼树期对新梢的加长生长特别有利；黑色地膜覆盖可稳定地温，据测定，覆盖黑色地膜的地温变幅在5～10℃，特别是夏季根际土壤温度较低，为根系生长创造了良好条件，同时用黑色地膜覆盖可阻止多种杂草的生长，具有明显的抑草作用，可减少果园用工，降低劳动强度；地布是一种新型的覆盖材料，由优质的聚丙烯窄条纺织而成，能有效抑制各种杂草生长，保持土壤水分含量，减少水分蒸发，透气性好，经日晒雨淋后可自然降解，减少土壤污染。生产中可根据具体情况选择覆盖材料。

第七节　合理施肥，保障营养供给

肥水是苹果生产的物质保障，肥水的供给对生产影响较大。

一、现代苹果生产中施肥管理的变革

近年来随着肥料加工业及机械制造业的快速发展，我国苹果生产中施肥作业发生了深刻的变化，主要表现在以下几个方面：

1. 苹果施肥作业的精准性有所提高

在20世纪60年代以前，我国苹果生产中施肥是以农家肥为主的，自20

世纪 60 年代化肥在我国苹果生产中开始应用。但由于对苹果树需肥规律、肥料特性等掌握不够，施肥在生产中盲目性较大。特别是氮肥的盲目施用，导致苹果树只抽梢、坐果情况较差的现象在 20 世纪 80～90 年代表现十分突出，严重地影响了苹果生产。面对这一实际问题，我国科研工作者从实际出发，积极探索，研究出了多种类型的复合肥，复合肥的出现极大地改善了单一化肥施用所造成的不良影响。在此基础上，各科研院所大力推行测土配方精准施肥，使苹果施肥的科学性大大提高。

2. 施肥作业的机械化程度大幅提高

多年来，我国农机工作者从我国果园生产的实际出发，着力小型农机的研发和推广，取得了可喜的成果。特别是小型开沟施肥机、打穴机、背负式施肥器等施肥机械的配套，使施肥作业的机械化程度大幅提高，有效地降低了苹果生产中施肥作业的劳动强度，减少了施肥作业费用，提高了施肥的效率。

3. 施肥方式向多样化发展

我国苹果生产中施肥方式不断地进行着革新，在不断地完善根际施肥和叶面施肥技术的基础上，开始向多样化方向发展。随着水溶性肥料生产规模的扩大及矮化密植栽培的推广，管道施肥、肥水一体化措施发展迅速；随着氨基酸肥料的出现、沼肥的普及，树干涂刷成为新兴的肥料补充方式；随着施肥思路的转变，吊针注射方法开始在苹果生产中应用。多样化的施肥方式使得苹果树体获得营养的途径变得多样化，由于方式互补，树体营养补充更全面。

4. 苹果生产中施用肥料的种类多样化

在 20 世纪 60 年代以前，我国苹果生产中肥料应用基本上是以农家肥为主的，从 20 世纪 60 年代开始，化肥逐渐在苹果生产中应用。化肥的长期施用，导致土壤板结，土壤结构变差，土壤中微生物的活动受到限制，进而影响有机肥及化肥的吸收和利用。在 20 世纪末至 21 世纪初，微生物肥料的应用受到重视，目前施肥向“有机肥＋无机肥＋微生物肥”的方向发展，以达到肥效最大化。

5. 施肥部位由局部向全园转变

在苹果生产中局部施肥易导致果园内土壤养分分布不匀，树体吸收利用受限。全园施肥可最大限度地提高肥料与根系的接触，增加树体吸收肥料的概率，有利于提高肥料的利用率，因而全园施肥越来越受到重视。

6. 施肥深度趋于合理

肥料的种类不同，对施用深度的要求是不一样的。有机肥深施有利于引导根系下扎，扩大根群，增强树体的吸收能力。在20世纪80年代以前，我国苹果生产中肥料普遍施用较深，但由于苹果主要吸收根分布较浅，化肥施用得深，绝大部分吸收根接触不到肥料，导致肥料利用率不高。因而近年来化肥的施用向浅施转变，目前有机肥的施用深度多控制在地表下30～40cm，而化肥多施用在地表下20～30cm，施肥深度趋于合理。

7. 水溶性肥料发展迅速

肥水一体化是施肥作业的新变化，利用水溶性肥料进行肥水一体化施用，具有施肥作业省工、肥料利用率高、对树体作用明显的优势。

8. 有机肥的施用受到高度重视

有机肥施用不足，会导致土壤有机质含量下降，影响果实品质，出现着色差、风味淡等现象。近年来苹果市场竞争日趋激烈，提高果实品质已成为提高苹果市场竞争力的主要途径之一。因而各苹果产区对有机肥的施用高度重视，纷纷增加商品有机肥的施用，以促进果实品质的提高，我国商品有机肥的产销呈现快速发展态势。

二、苹果树营养器官特点

苹果树的根、茎、叶均可吸收营养元素，但不同器官吸收能力是有区别的，其中最主要的吸收器官为根，其次为叶，茎（树干）的吸收量相当少。

1. 苹果树根系组成

苹果树的根系由主根、侧根、须根三部分组成，具有支撑、吸收营养、贮藏营养、输导营养等功能。其中主根垂直插入土壤，成为早期吸收营养和固定树体的器官。侧根是主根上分生的，沿地表方向水平生长的根，与主根一样，侧根也具备固定树体、吸收营养和贮藏营养的功能。须根是侧根上形成的细小根，按其功能又可细分为生长根、吸收根、输导根和过渡根四类。生长根一般为白色，向土壤深处延伸，具吸收功能；吸收根为白色，主要功能是吸收营养及将吸收的营养转化为有机物；输导根主要起运输营养物质和输导水分的作用；过渡根由吸收根转化而来，部分可转变为输导根，部分随生长发育死亡。苹果树体所需的营养主要靠吸收根吸收，在苹果根系中绝大部分（70%左右）吸收根水平分布在树冠外缘，根系密度大，易衰老。根系的垂直分布受土壤结构和层性的影响。80%的根系集中在40cm的土层内，新生吸收根的60%～80%集中发生在表层（0～20cm）。

2. 苹果树叶片结构

苹果树的叶片由表皮、叶肉和叶脉组成，表皮可分为上表皮和下表皮，分布表皮毛和气孔，气孔多分布在下表皮。苹果树叶片的主要功能为进行光合作用和蒸腾作用，除此之外还有合成营养、贮藏营养和吸收营养的功能。

三、苹果树吸收营养的形式

1. 根际吸收养分的方式

苹果树根部对无机养分的吸收主要有直接吸收和间接吸收两种方式。

（1）直接吸收　靠近根系的土壤养分可以不经运输而被根直接吸收。一般磷、钙、镁等元素主要以这种方式被植物吸收。

（2）间接吸收　远离苹果根系的养分可通过移动被根系吸收，这种吸收又有两种形式：一种是由于根系的吸收，使根系周围的离子浓度减小，造成不同区域养分浓度不均，产生扩散作用，使离子由高浓度向低浓度移动，促使离子被根系吸收，磷、钾元素主要以这种方式被树体吸收；另一种是部分养分可借助蒸腾作用根系吸收水分移动到根际，被树体吸收利用。

无论直接吸收的养分，还是间接吸收的养分，都可经根系进入植物体内，然后跟随蒸腾作用的水分运输，运送到植株的各部分。

2. 叶片对养分的吸收

叶片吸收的养分，也称为根外营养，一般是从叶片的角质层和气孔进入叶片内部，然后通过质膜进入细胞内。叶背与叶表相比，叶背的气孔较多，所以它比叶表更易通过营养液。树体所需的微量元素及易被土壤颗粒固定的养分，尤其适宜进行叶面喷施。

除以上两种主要的苹果树吸收养分的形式外，近年来，生产中开始采用树干涂刷、营养注射等方式补充营养，效果也很不错。

四、苹果树需肥特点

苹果树为多年生植物，对肥料的吸收利用有以下特点：

1. 苹果树为高产作物，需肥量大

苹果树的生产能力较高，进入盛果期的苹果树，平均每亩产量在3000kg以上，高产的可超过5000kg。高产量，必然消耗土壤中大量的营养，因而苹果树表现需肥量大，只有充足的肥料供给，高产才有保障。

2. 苹果生产中需肥种类较多

苹果生产与一般作物生产一样，需要大量的氮、磷、钾三要素作保障，同时对钙、硼、锌、铁、硫等中、微量元素也要求严格，如若缺乏，苹果树常表现缺素症状。

3. 苹果树对肥料需求的规律性明显

苹果树在不同的生长阶段和不同的生长时期，对肥料需求的种类和数量是不一样的。幼树期以长树为重心，对氮素的需求量大；到初果期，对磷的需求量增加。大量生产实践证明，苹果树幼树期氮、磷、钾的配比以 1∶0.6∶1 较适宜；进入结果期后，对磷、钾肥的需求量会显著提高，一般氮、磷、钾的配比以 1∶0.7∶1.2 较为适宜。

在年周期中，苹果树的生长发育是有规律的，营养物质的分配和运转也随着各器官的形成有所偏重。花期营养分配的重心是花器，但开花与新梢生长有矛盾，花量过大时，会影响新梢、叶和根的生长。新梢生长期，新梢与幼果之间养分竞争激烈，新梢停长和花芽分化期营养重心为花芽分化和果实发育，主要利用叶片制造营养供应需要。果实成熟期叶片制造的光合产物除供应果实外，开始向贮藏器官运送。因而整体上苹果树一年中需肥规律为前期以高氮中磷低钾为宜，中期以中氮高磷高钾为宜，后期以中氮低磷中钾为宜。苹果树对中、微量元素的吸收也具有规律性，像钙元素在幼果期达到吸收高峰，谢花后 1 周到套袋前补充足够的钙对果实生长发育至关重要。硼元素在花期需求量最大，其次是幼果期和果实膨大期，因此花期补硼最关键。锌元素在发芽前需求量大，补锌以在开花前 45 天为宜。冬季果实采收后，树体养分被大量消耗，急需补充，因而苹果树需肥的规律性是相当明显的。

4. 苹果生产中土壤养分失衡现象严重

苹果树长期固定在一处生长，土壤中果树需要量大的营养元素会越来越少，而树体生长、结果需要量少的元素相对会越来越多，这样会导致土壤养分失衡。如果补给不及时或补给营养组成不合理，土壤结构被破坏，对苹果的持续生产是非常不利的。

5. 苹果树对铵态氮敏感

苹果树对铵态氮和硝态氮均可吸收，其中硝态氮是苹果树的优良氮源。铵态氮过量时，会抑制钾和钙的吸收；而硝态氮在树体内积累，没有副作用。

6. 年周期中两个营养阶段

在苹果树年周期的生长发育中，前期以利用树体贮藏养分为主，后期叶片功能齐全后，树体开始以利用当年同化养分为主。整体上表现出营养过程的连续性和阶段性相一致的特点。

（1）以利用树体贮藏养分为主的阶段　从萌芽前树液流动开始到 6 月上中旬，树体叶片处于建造阶段，树体的生命活动以利用贮藏养分为主。树体贮藏养分的多少，以及贮藏养分的分配状况，对树体发育和开花结果都有着极深刻的影响。

（2）以利用当年同化养分为主的阶段　在春梢迅速生长结束，短枝、叶丛枝上的叶面积完全发展之后，树体进入以利用当年同化养分为主的阶段。这个阶段树体的营养水平、叶面积的增长速度和最终大小，与叶片对光能的利用率等有密切关系。

生产中既要增加树体贮藏营养，以满足春季萌芽、开花、坐果、抽枝、展叶的需要，又要加强生长前期的肥水管理，保证当年同化营养的适时供给，使两个营养阶段密切衔接起来。

五、苹果生产中肥料的合理施用

在苹果生产中合理施肥是恢复土壤养分含量、创造丰产的物质条件，是改良土壤性状的重要管理措施。

（一）施肥的依据

苹果树施肥时要根据树龄、树势、肥料养分含量、土壤性质和肥力状况、树体产能高低等合理确定施肥的种类和数量。

1. 树龄

树龄不同，果树所需养分种类、数量和比例也不相同。一般幼树期是以长枝叶为主，需肥量少，需氮较多，需磷、钾较少；随着树体的生长，到初果期，需肥量开始增加，由于树体开始有成花能力，在肥料种类上，除需要充足的氮肥供给枝叶生长外，需磷量增加，只有适量地供给磷元素，花芽分化才有保障；进入盛果期后，由于苹果产量迅速上升，需要大量地补充营养，以满足树体生长、结果之需，在肥料种类上，不但要氮充足、磷有保障，而且钾也要满足树体需要。生产中要根据这一变化趋势，适时适量补充树体所需的营养。

2. 树势

树势不一样，对肥料的需求也不相同，一般旺树需肥量较少，弱树需肥量较多，只有充分地供给肥料，才能促使树势复壮。

3. 肥料养分含量

一般有机肥养分含量低，施用量大，而化肥养分含量高，施量相对较小。由于化肥种类不同，其养分含量差别较大，在施用时应区别对待。一般养分含量越高，施量应越少；养分含量越低，施量应越大。

4. 土壤性质和肥力状况

为了充分发挥肥效，应根据土壤的性质选择肥料的种类、确定肥料的用量。一般沙性土壤保肥性差，易漏肥漏水，施肥时应少量多次进行；黏重的土壤保肥性好，可采用多量少次的施肥方法，以减少施肥用工，降低生产成本。土壤肥力高的地块，有机质含量相对较高，含速效磷较多，可少施用磷肥；在瘠薄地，应多施磷肥。我国北方多为碱性土壤，在施用磷肥时应以过磷酸钙、重过磷酸钙等水溶性肥料或含磷量高的磷酸一铵、磷酸二铵等复合肥为主，少用磷矿粉、骨粉等磷肥。

5. 气候条件

气候条件一方面直接影响根系的生长及其对养分的吸收，另一方面还影响土壤中养分的状况。一般夏秋季高温多雨，树体生长迅速，需肥量较大，而冬春季树体生长量小，需肥量较小。

6. 产能

树体大小不同，生产能力是有差别的。一般树体小，结果能力差，需肥量少；树体大，结果能力强，需肥量大。施肥时一定要考虑苹果树的产能，按需施肥，既要保证“吃得饱”，又要严防过量施肥造成肥料的浪费。

（二）施肥的原则

1. 平衡供养

苹果树施肥时，各营养元素之间的比例至关重要，只有各营养元素按比例施用，才有利于树体吸收利用，因而要提倡平衡施肥。一般情况下，每生产100kg苹果需纯氮1.0～1.1kg、五氧化二磷0.6～0.8kg、氧化钾0.8～1.0kg，三者大体比例为1∶0.6∶1。

2. 按需肥规律供养

在苹果树年生长周期中，3月、6月、9月由于树体生长快，养分消耗多，对养分需求多，是施肥的几个关键时期，要注意适时供给肥料，以保证苹果树生长、结果的顺利进行。

3. 少量多次适量补养

苹果树在一定时期内对肥料的吸收是有一定限度的，超量供给，不但会造成肥料的浪费，还易发生肥害，给生产造成不应有的损失。因而在施肥时一定要注意适量施用，坚持少量多次的原则，以减少浪费，保证肥料施用安全。

4. 有机无公害原则

通过大量增施有机肥，降低化肥用量，来提高土壤有机质含量，降低生产成本，这是提高苹果产量和质量的根本途径。

（三）我国苹果生产中应用的主要施肥方法及注意事项

1. 传统施肥方法及注意事项

我国苹果生产中传统施肥方法以根际土壤施肥和叶面喷肥为主，根际土壤施肥又可细分为条沟施肥、放射状沟施肥、环状沟施肥、穴状施肥、全园撒施，各种方法各有其优缺点。

（1）根际土壤施肥

① 根际土壤施肥的方式：

a. 条沟施肥：在树冠投影外缘挖深20～30cm、宽30cm的直沟，将肥料与表土充分混匀施入沟内，然后用土将沟填平。

b. 放射状沟施肥：从树冠下面距主干1m左右处开始，以主干为中心，向外呈放射状挖4～6条沟。一般沟深30cm，将肥料施入。这种方法较环状沟施肥伤根少，但挖沟时也要避开大根。可以隔年或隔次更换放射沟的位置，扩大施肥面，促进根系吸收。

c. 环状沟施肥：以树干为中心，在树冠投影外缘挖深、宽分别在30cm左右的环状沟，将肥料施入，与表土充分混匀，然后将沟填平。

d. 穴状施肥：按树体大小在树盘内挖星散分布的8～15个直径15cm左右的穴，将肥料施入穴中，与表土充分混匀，然后将穴填平。

e. 全园撒施：肥料多时，可将肥料均匀地撒施于地表，然后耕翻，耕翻时掌握近根处浅、远根处深的原则，尽量少伤根。

② 根际土壤施肥注意事项：施肥沟尽量要挖在树冠投影外缘大量须根分布区，以提高树体对肥料的吸收利用率；施有机肥时要深挖沟，沟的深度应在30～40cm，以引导根系下扎，促使形成强大的根群，以提高树体的吸收能力；施肥作业时要注意保护根系，特别是要严防损伤直径在1cm以上的大根，作业时树盘内近干处应浅，远离树干处渐深；肥料施入土壤后，一定要与土壤充分混匀后填埋，防止将肥料直接填埋导致烧根现象的发生；农家肥一定要腐熟后施用，如果将其直接施入，在地下腐熟的过程中，易产生热量造成根部灼伤，引发根腐病。

（2）叶面喷肥　指在苹果树体生长过程中，将肥料配成水溶液，进行叶面喷施，补充树体营养的方法。

叶面喷肥注意事项：

① 根据需求选用叶面肥。叶面肥能迅速地补充树体营养，对于缺素症的矫正、自然灾害后树势的恢复、树体快速生长造成的脱养都有很好的效果。生产中可根据需要，合理地选择叶面肥的种类，以解决生产中的难题，保证树体健壮生长。

② 适时施用。一般在18～25℃的温度范围内，叶片气孔开张度最大，角质层的渗透性最强，吸收肥液效果最好。喷用叶面肥时要避开高温期，防止叶面肥迅速干燥，影响吸收效果。喷用后遇雨要重新喷施。

③ 喷用的浓度要适宜。一般浓度越高，吸收越快。在叶肉细胞不受损害的前提下，应尽量选用高浓度肥液。一般叶面喷肥的适宜浓度为：磷酸二氢钾0.2%～0.3%，尿素0.1%～0.3%，硫酸镁0.1%～0.2%，钼酸铵0.02%～0.1%，硫酸锰0.05%～0.1%，硼砂0.05%～0.2%，硼酸0.2%～0.3%，硫酸锌0.3%～0.5%，腐植酸锌1%～3%，硫酸亚铁0.2%～0.5%，硫酸铜0.01%～0.05%，硝酸钙0.4%～0.5%，氯化钙0.3%～0.5%，500倍美林钙，400倍氨基酸螯合钙，500倍氨基酸，500倍富万钾，2～3倍沼液。

④ 喷施量要有保障。叶面喷肥浓度较低，喷施后叶面上的存留量与吸收量呈正相关，因而要掌握适宜喷用量，以喷到叶面上的肥液呈欲滴未滴状为宜。最好在生长季连续喷用3～5次，以取得好的效果。

⑤ 注意以喷叶背面为主。一般叶片背面的气孔数量较正面多，因而叶面喷肥时应以喷叶背面为主。

⑥ 在苹果树年生长周期的前期喷用浓度宜小，后期喷用浓度宜大。

⑦ 叶面喷肥时最好加入一定量的洗衣粉、渗透剂等，以增加肥料溶液在叶面的附着性，提高肥料的利用率。

⑧ 叶面喷肥只能作为一种辅助手段，不能代替土壤施肥，只有在保证土壤施肥的基础上，叶面喷肥的效果才较明显。

2. 新型施肥方法

（1）平衡施肥　指将树体生长发育所需的多种营养元素按一定比例混合施用的方法，也是我国目前苹果生产中推广应用的主要施肥方法之一。与盲目施肥相比较，平衡施肥的科学性有所提高，但由于受土壤养分含量、果树不同生长阶段对肥料的需求不一样的影响，仅仅肥料中各元素之间平衡是不够的，因而平衡施肥也有局限性。生产中主要以施复合肥为主来达到平衡施肥的目的，也有用单质肥料按比例配制进行平衡施肥的。

平衡施肥在苹果生产中应用时的注意事项如下：

① 合理选择复合肥。复合肥种类较多，按营养元素组成可分为二元复合

肥、三元复合肥及多元复合肥。三元复合肥中按氮的形态可分为铵态氮型复合肥和硝态氮型复合肥；按钾的形态可分为硫酸钾型复合肥和氯化钾型复合肥等。由于铵态氮型复合肥养分易挥发损失，在苹果生产中多选择硝态氮型复合肥。一般硫酸钾型复合肥不仅适于大田禾本科作物，在苹果生产中应用也较好，而氯化钾型复合肥主要应用于大田禾本科作物。

② 充分了解园内地力状况。复合肥养分比较固定，最好进行测土施肥，缺什么补什么，做到平衡施肥。如园内土壤磷含量富余，可选择磷含量低的复合肥施用，而在土壤缺磷的果园中则应施含磷量高的复合肥。

③ 复合肥必须与单质肥料配合施用。复合肥养分比较固定，而苹果生长发育时期不同，对营养的需要是不一样的。像生长前期需氮较多，而生长中后期果实生长、花芽分化需磷钾肥较多，单靠复合肥是难以满足苹果生长之需的，因而应注意做到复合肥与单质肥料的配合施用，以满足苹果生长之需。

④ 苹果生产中施用复合肥应以基肥为主、追肥为辅。复合肥养分是速效的，利于作物吸收，但磷、钾在土壤中转化时间长，因而复合肥最好以基肥施用，在花芽分化及果实膨大期可适量作追肥。三元复合肥一般不作根外追肥施用。

⑤ 施用部位要适宜。磷、钾易被土壤固定，影响肥效的发挥，铵态氮易挥发损失，沙质土壤易脱肥，因而复合肥施用部位要适宜。一般黏性土壤保肥力强，应深施，沙质土壤应少量多次浅施；铵态氮复合肥应深施后盖土，以减少养分损失；含磷、钾的复合肥应重点施在根系附近，以提高当季利用率。

⑥ 用量要适当。苹果生产中复合肥的施用量应充分考虑产量的高低，施肥过多，会造成不必要的浪费，施用少则难以满足果树生长发育之需。

⑦ 依树龄选择不同种类的复合肥。一般幼树期需磷较多，而结果期则需氮、钾较多。幼树期氮、磷、钾的比例以 1∶2∶1 为宜，结果期氮、磷、钾的比例以 1∶0.75∶0.81 较适宜，应按此比例选配施用复合肥。

⑧ 平衡施肥最好在有叶期施用。蒸腾作用是水分从活的植物体表面（主要是叶子）以水蒸气状态散失到大气中的过程。苹果树体吸收养分及养分在树体内的运输均需要一定的动力，目前普遍认为叶片的蒸腾作用即是这一动力。树体吸收矿物质后，借助树体的蒸腾作用，将营养运送到树体的生长部位，满足树体对营养的需求。在有叶期施用可提高树体对肥料的利用率。

（2）测土配方施肥　也称精准施肥，主要是通过土壤分析、树相诊断、生理生化指标测定、叶片分析等途径，科学判断树体营养状况，根据果树需肥规律、土壤供肥性和肥料效应，在合理施用有机肥的基础上，提出氮、磷、钾等肥料的施用品种、数量、施肥时期和施用方法。

测土配方施肥注意事项：

① 土样的收集应具有代表性。取土是测土配方施肥的基础和前提，生产中一定要选择代表性土样。苹果园取土应在树冠投影中部偏外经常施肥的区域进行，但要避开当年的施肥穴。取样时应采用“S”形法或五点法进行，一般一个果园取3～5个点，每点取一个垂直面，土样采集深度为0～40cm，要求上、下土壤层厚度均匀一致，然后采用四分法留取0.5kg装入塑料袋中，在袋外贴上记录标签。

② 测试要全面。主要检测项目包括土壤有机质、全氮、有效磷、有效钾、交换性钙、交换性镁、有效锌、有效硼的含量和pH值等。

③ 土壤养分分析要科学。既要分析营养的丰缺，又要分析营养元素之间的平衡关系，还要分析酸碱状态。

（3）树干涂刷　将肥料配成一定浓度的溶液，然后用毛刷涂刷在树干上，通过树皮渗透入树体供给果树生长发育之需，是近年来出现的一种营养补充方式。目前生产中主要以树干涂刷氨基酸类肥料和沼液为主。

树干涂刷补充营养注意事项：

① 涂刷部位树皮应光滑，以提高吸收能力，对于老树在涂前应将老皮刮除。

② 涂刷时可将主干及大枝全涂，以增加吸收部位，提高涂刷效果。

③ 涂刷时氨基酸可用3～5倍液、沼液可用2～3倍液。

④ 一年中可在萌芽期、花后、果实第一次膨大期、花芽分化期及果实第二次膨大期多次涂刷。

⑤ 每次涂刷以肥液欲流为度。

（4）吊针注射　参照人体输液的方法，将果树生长发育所需的氮、磷、钾及多种微量元素和有机营养成分按比例制成吊针注射液。按照果树营养需求的途径，在果树根颈部打孔，通过滴注的方法将营养成分输送到植株的各个部位，从而改善和提高果树的营养水平和生理调节机能，促使树体健壮生长，达到高产优质的目的。吊针注射补肥具有省工省时、经济实惠、无污染、树体利用率高的特点。

吊针补肥注意事项：

① 配制的肥液要过滤。吊针补肥时易出现堵塞针孔的现象，因而在配制肥液时要注意过滤，使配成的肥液不留残渣。

② 输液孔位置应适当，角度应适中，大小应适当。输液孔应钻在主干上第一分叉的下方，一般钻深4～5cm，钻孔与主干以呈60°～70°为宜。钻孔大小必须与输液器针头大小相匹配，一般孔径5～5.5mm。8年生以下的树钻3个孔，一般一个滴注袋子有3个滴注针头，8年生以上的树可按需以3的倍数翻倍钻孔。

③ 输液肥料的浓度不宜过高。一般输入肥料的种类和浓度可分别为：0.2%～0.3%磷酸二氢钾、0.3%尿素、0.2%～0.3%糖、30～50倍苹果树营养注射肥液、15～20倍氨基酸及维生素C等。

④ 稀释肥料时用塑料器具，避免用金属器具。

⑤ 吊袋数量要适中。可根据树的大小，确定吊袋的数量：一般胸径在8～10cm的树可用1000mL的吊袋1袋，胸径大于10cm的树可用1000mL的吊袋2～3袋。注射补肥时应将注射袋垂直挂于钻孔上方1.5m处左右，以形成一定的高差，便于营养液滴注。滴注时先排除吊袋、管道中的空气，然后将滴注针头插入钻孔。

⑥ 根据树势的不同，每株树每年可使用吊针注射补肥2～3次，每次间隔期10～15天。

⑦ 使用吊针输液后的果树，8～12h内不能浇水。

⑧ 输液结束后，必须在1周内将输液器从树体上拔出，用胶布或胶带将孔口封住，促进伤口愈合。

（5）管道施肥法　随着滴灌技术在果园生产中的大量应用，人们将肥料溶于水中，通过输液管道，将营养成分运送到树体根部，供果树吸收利用。目前密植果园中应用较多，但由于滴灌范围较窄，施肥深度较浅，管道施肥法效果不是很理想，有待改进。

管道施肥注意事项：管道施肥所用的塑料管对施肥影响较大，要注意选用高质量的塑料管，以延长使用年限和提高管道施肥的效果。管道施肥时塑料管要架高，防止土壤颗粒堵塞滴孔。

（6）肥水一体化　指将可溶性肥料加入配肥池中，加水溶解后，通过输液管道送达树体根部的追肥法，也称随水施肥法。肥水一体化是一种较先进的施肥方法，具有能够适时给根系层提供各种养分；减少养分的淋失，提高养分利用率；节约人力成本，省水省肥省工；使用安全，不用担心引起烧苗等不良后果；不但配方多样，而且使用方法十分灵活的特点。

水溶肥施用注意事项：

① 由于水溶肥能够溶解于水中，更容易被树体吸收利用，肥效快，因而水溶肥以追肥应用为主。

② 在施用水溶肥时可根据树体长势，调配肥料的种类。

③ 可通过机械油门的调控，调节追肥的速率。

④ 追肥枪要尽量插得深一些，以便将肥料直接送到根系部位。

⑤ 在树盘内应尽量多地布点插施，以增加根系与肥料的接触，提高吸收利用率。

（7）肥水耦合技术　是干旱地区应用高垄地膜覆盖栽培技术进行集雨，在膜侧开挖施肥沟，将肥料集中施用，通过雨季相对集中利用水分，从而提高肥水利用率的方法。

肥水耦合技术应用时注意事项：

肥水耦合的关键是集雨，因而覆盖地膜时，中部一定要高起来，以便下雨时雨水能顺利地流到集雨沟中。

集雨沟即为施肥的部位，在施肥后要适当地将沟边筑高，以便拦截雨水。

雨后对集雨沟最好用草覆盖，减少水分蒸发损失。

（8）穴贮肥水技术　在树冠投影边缘向内 50～70cm 处挖深 40cm、直径比草把稍大的贮养穴（坑穴呈圆形围绕着树根）；依树冠大小确定贮养穴数量，冠径 3.5～4m 挖 4 个穴，冠径 6m 挖 6～8 个穴。用玉米秸、麦秸或稻草等捆成直径 15～25cm、长 30～35cm 的草把，草把要扎紧捆牢，然后放在 5%～10%的尿素溶液中浸泡透。将草把立于穴中央，周围用混加有机肥的土填埋踩实（每穴 5kg 土杂肥，混加 150g 过磷酸钙、50～100g 尿素或复合肥），并适量浇水，每穴覆盖地膜 1.5～2m^2，地膜边缘用土压严，中央正对草把上端穿一小孔，用石块或土堵住，以便将来追肥浇水。一般在花后（5 月中上旬）、新梢停止生长期（6 月中旬）和采果后 3 个时期，每穴追肥 50～100g 尿素或复合肥，将肥料放于草把顶端，随即浇水 3.5kg 左右；进入雨季，即可将地膜撤除，使穴内贮存雨水；一般贮养穴可维持 2～3 年，草把应每年换一次，发现地膜损坏后应及时更换，再次设置贮养穴时改换位置，逐渐实现全园土壤改良。

穴贮肥水注意事项：

① 穴贮肥水中的草把很关键，相当于小水库，因而在放入前一定要扎紧，以增强贮存肥水的能力。草把越多，贮存肥水的能力越强，可根据树冠的大小确定放草把数量的多少，总的原则是大树多放，小树少放。

② 草把在放入前一定要浸透，防止草把湿度较小，埋入土壤中出现反吸收现象。

③ 在施肥补水后要将放草把的穴用塑料薄膜盖严，减少土壤水分的散失。

（9）袋装肥水渗透同补技术　将肥料配制成一定浓度的肥料液，装入塑料袋中，在树冠下挖一可容纳塑料袋的浅坑，将坑底整平，在塑料袋一面扎1～2个小孔，将有孔面朝下放入浅坑内，使肥料液自然渗透，在塑料袋内肥料液渗完后，再加肥料液，缓慢地补充肥料。

袋装肥水渗透同补技术注意事项：

① 袋装肥料一定要选择水溶性好的肥料。

② 使用的浓度应适当加大，以提高补肥效果。

③ 可以多种肥料混合装袋，进行同补。

④ 在树盘内可多点布放，加快补肥速率。

六、苹果生产中肥料管理的突出问题及改进措施

（一）目前苹果生产中肥料管理方面的突出问题

1. 有机肥投入不足

有机肥投入严重不足，导致土壤有机质含量偏低，土壤缓冲能力降低，直接导致了苹果树势减弱，产量不稳，果实品质整体下降，风味变淡，严重地影响了苹果产业的综合生产能力和可持续发展。

2. 化肥的长期大量应用，导致土壤结构变差

由于化肥的长期施用，土壤中酸性物质累积越来越多，土壤酸化现象越来越明显，板结越来越严重，越来越不利于耕作和根系生长，对苹果树的生长影响越来越大。

3. 施肥数量严重不足

苹果为高产作物，对土壤养分消耗量大，生产中需肥量大，目前生产中多不能够足量补给，缺肥现象十分突出。

4. 养分供给不合理和比例失调

由于各地果园土壤养分含量各异，苹果生长不同时期对养分的需求各不相同，养分供给的不合理和比例失调，是导致肥料利用率低的一个重要原因。

5. 施肥作业不当，导致伤根太多，影响肥料的吸收，使肥料的利用率很难提高

在目前的施肥作业中，特别是在基肥施用时，开沟离树干太近，开沟过宽，会损伤根系，所伤根系恢复需要相当长的时间，因而影响肥料的吸收和利用。施肥过程中，肥料施用得较集中，肥料与土壤搅拌不均匀，会出现烧根现象，造成根系损伤，影响肥料的吸收。

（二）苹果施肥作业的改进措施

1. 坚持以有机肥为主（图 3-16）

有机肥是养分含量最全面的肥料，不仅含有植物必需的矿物元素，还含有丰富的有机质。施入土壤后，有机质能有效地改善土壤理化状况，熟化土壤，增强土壤的保肥供肥能力和缓冲能力，为作物的生长创造良好的土壤条件。有机肥腐烂分解后，能给土壤中的微生物提供能量和养料，促进微生物活动，产生的活性物质等能促进树体的生长和苹果果实品质的提高。

图 3-16　苹果生产中堆积的有机肥

2. 提高配方施肥质量

配方施肥实施前一定要弄清以下三个方面：一是种植苹果的土壤养分含量情况；二是所施用肥料养分含量的多少；三是通过叶片分析，弄清树体所缺元素种类和所缺数量。只有这三个方面都搞清楚了，才能真正做到科学配方施肥，任何一项缺少，则科学配方施肥都无从谈起。

3. 基肥的施用要在丰水期，注意应用高质量肥料

水分是影响肥效发挥的关键所在，秋季是我国北方的主要降水季节，一般秋末冬初土壤水分含量大，是最佳施肥季节。秋施基肥，有利于肥水互促，对

于提高肥料利用率是非常有益的。一般基肥应在9～10月份施入，此期施入，不但土壤墒情好，有利于肥料分解、转化，而且树体叶片密集，蒸腾作用强，肥料的吸收动力充沛，吸收利用率高，可增加树体冬前贮藏营养，对树体安全越冬和花芽分化的完善都有很好的促进作用。

基肥施用时要有机、无机肥料相配合，有机肥含有养分种类多但相对含量低，释放缓慢，而化肥单位养分含量高、种类少，释放快。两者合理配合施用，可相互补充。

4. 追肥管理推广肥水一体化技术，提高水溶肥的应用比例

应用肥水一体化施肥技术，可均衡地供给肥水，使肥料供给的科学性大幅提高。

一般肥水一体化技术配套的设备由配肥池、输肥管、进肥口三部分组成，规模化应用这一措施，一定要有高位配肥池，以便通过一定的压力，将肥液运输到根部，输肥管可借助果园的微喷灌系统，出水口通过自然下渗进行。农户小规模地应用，可通过农用车装载塑料桶，配套喷药用输药管、追肥枪。实施这一措施，如果能再配套穴贮肥水措施，效果会更佳。

由于我国目前苹果生产以户为经营单位，后者应用更具有现实意义，特别是在山旱地应用，增产效果明显。可结合施用基肥，据树大小，在树冠投影外围埋入3～8个高40cm、粗30cm的草把，平时用塑料薄膜包严，在施肥时，将可溶性肥料按一定比例配制后，拉运到田间，通过输肥管运送，将追肥枪直接插到草把上，让肥液下渗，一个贮养穴渗满后，再移动追肥枪至另一个贮养穴，直至全园追遍为止。

果树生长的时期不同，对肥料的需求是不一样的，追肥液的配制是有区别的，花期追肥应以氮肥为主，追施可溶性配方肥10～15kg/亩，氮、五氧化二磷、氧化钾的比例以3∶1∶1为宜。用水量据土壤墒情而定，土壤墒情好，每亩用水15m^3即可；干旱缺墒时，每亩用水量可达20m^3。

果实膨大期追肥应以磷钾肥为主，氮、五氧化二磷、氧化钾按1∶1.5∶2的比例配制，每亩追施可溶性肥料15～20kg。用水量据土壤墒情而定，一般每亩控制在15～20m^3。

随着肥水一体化技术的普及，水溶肥进入快速发展期。水溶肥指能很好地溶解于水中的肥料，配制原料包括尿素、硫酸钾、复合肥和混合肥等。质量好的水溶肥可以含有作物生长所需要的全部营养元素。由于水溶肥是根据作物生长的营养需求进行配制的，使得其肥料利用率差不多是常规复合肥的2～3倍。因而提高水溶肥的利用比例，是提高施肥效果的新的突破口。

水溶肥的质量好坏，对肥效的影响较大，一般好的水溶肥应具备以下条件：各养分元素的配比要合理，养分种类要齐全。

在选购水溶肥时，可通过看含量、看水溶性、闻味道、做对比等方法加以鉴别。一般好的水溶肥纯度很高，而且不会添加任何填充料，氮、磷、钾含量一般可达60%甚至更高。一般将肥料溶解到清水中，如溶液清澈透明，说明水溶性很好；如果溶液有浑浊甚至有沉淀，说明水溶性很差，不能用在滴灌系统，肥料的浪费也会比较多。好的水溶肥没有任何味道或者有一种非常淡的清香味。好的肥料见效不会太快，因为养分有个吸收转化的过程。好的水溶肥用上两三次就会在植株长势、作物品质、作物产量和抗病能力上看出明显的不同，用的次数越多区别越大。

5. 正确应用根外追肥措施

在苹果生产中，肥料管理应以根际施肥为主、根外追肥为辅，及时通过根外追肥，补充营养元素，特别是对矫正树体缺素症具有很好的效果。根外追肥主要有涂干和叶面喷施两种。涂干以氨基酸、沼液等液体肥料为主，采用涂干法，可快速补充树体营养，有利树体健壮生长和开花结果，同时氨基酸具有明显的生长调节作用，涂抹氨基酸对果树生理性病害能起到防治作用，可减缓小叶病、黄叶病、花叶病的病势发展，因而在生产中应注意加强使用。根据生产实际，在使用氨基酸涂干时应注意以下几点：

① 以涂刷主干和大枝为主。

② 注意应用原液涂刷。

③ 有腐烂病斑的应先刮尽干枯死皮，避开新鲜伤口涂刷，防止传染病菌，引发腐烂病扩散。

6. 施肥作业时要注意保护根系，以提高树体的吸收功能，提高肥料的利用率

施肥应施在树冠投影边缘处或稍远处。在施肥作业时，要注意保护根系，特别要少用旋耕机械，以防造成大量根系损伤，影响树体的吸收功能。施肥作业时多采用肥水一体化措施，应用传统施肥方法时，施肥部位要适当，防止离根系太近，以保护根系。

7. 施肥用量要适度

可以按照目标产量进行施肥，如前文所述。

8. 施肥时期要适当

肥料施入土壤后，要通过分解、转化才能被树体吸收利用，因而施肥时期要比树体需肥期适当提前，以便适时供给树体养分，满足树体生长、结果的需求。特别是基肥的施用要提前，以充分发挥肥效。适时秋施基肥，肥料吸收利用率高，有利于完善花芽分化，增加树体营养积累，为下年的春梢生长、开花结果打下基础。一般最佳施肥时间应在早、中熟苹果采收后至晚熟苹果采收前进行。此时，叶片功能强，根系开始旺盛生长，地温、气温高，非常有利于肥料的分解、转化、吸收。

七、苹果树基肥施用要点

苹果树基肥施用的好坏，直接影响来年的果实产量、质量及生产效益，因而对于基肥的施用应高度重视。根据多年的生产经验，苹果树在施用基肥时，要突出重点，抓住关键环节，以取得好的效果。现将基肥施用要点介绍如下，供参考：

1. 果树基肥应早施

果树基肥早施，有利于树体吸收，增加树体中的贮存营养，对树体的安全越冬非常有利。同时，在果树施肥作业中，必然会损伤部分根系，早施基肥，由于根系仍处于生长阶段，有利于伤根愈合及产生新根。因而生产中提倡基肥以早施为主，一般应在果实采收后及时施入。

2. 基肥施用以有机肥为主

有机肥是一种养分较全面的肥料，施用后可补充土壤中的多种营养元素，同时施用有机肥可大量增加土壤中的有机质，对于改善土壤的理化性状、提高果实品质是非常有利的，因而在基肥施用时，应坚持以有机肥为主的原则。对于磷、钾肥等在土壤中分解时间较长、作物吸收缓慢的肥料，也提倡在施基肥时一次施用，以提高植株的利用率。

3. 基肥应主要施在吸收根分布区

果树根群较庞大，但吸收根分布较集中。果树的吸收根多垂直分布在土表下 20～30cm 深处，水平分布以枝展外缘投影为限。因而施肥时应以此为主要部位，过深施用是没有必要的，但施用过浅，由于根系具有向肥性，会导致根系向地表生长，对根系的抗冻性及果树对土壤深层水分、养分的利用都是不利的。

4. 施肥以适量为主

在一定范围之内，施用肥料的量与产量呈正相关，但超过此范围，则效果不理想。

第八节　加强树体调节，提高结果能力，改善果实品质

修剪作为树体调节的主要措施，直接影响苹果的产量和质量。近年来，我

国苹果生产中由于主栽品种和栽培模式发生了重大变化，修剪作业也发生了很大的变化。在精品苹果生产中，要适应这种变化，合理应用修剪措施，促使苹果树立体结果、群体增产，提高果实品质，提升精品苹果的比例，促进生产效益的提升。

一、现代苹果树修剪的变化

苹果树修剪是苹果园管理的一项重要内容。近几十年来，苹果树修剪方面发生了根本性的变化，其主要表现在以下几个方面：

1. 修剪理念由刻意造形到顺应生长特性转变

红富士苹果目前已成为我国最主要的栽培品种，其栽培面积占到了苹果栽培总面积的80%以上。由于红富士苹果具有萌芽率高、成枝力强的特性，传统的以短截促进分枝而刻意造形的修剪整形方法，已不适应现代苹果生产发展。在红富士苹果生产中，截得越多，刺激越重，抽条越多，树体积累的养分越少，成花越难，进入结果期越迟；而顺应其生长特性，让其自然生长，则刺激少，树体养分可有效积累，生长势会得到有效缓和，成花容易，有利于早结果。因而顺应红富士生长特性，多长放，适当调节枝量及枝的摆布，成为目前最主要的修剪趋势。

2. 修剪目标由密植密枝向稀植稀枝转变

多年的生产实践证明，矮化密植需要高肥水的条件、熟练的管理技术、高度的机械化作保障，而我国多数地方缺肥少水，劳动者务作水平千差万别，与我国分散小块经营果园相配套的机械远远不能满足需要，因而矮化密植栽培的推广十分有限。而乔砧密植苹果园随着栽植密度的增加，园内总枝量快速上升，果园郁闭现象严重，光照条件恶化，结果出现表面化，产量下降，果实着色差，导致所结果实品质降低，市场竞争能力低下，严重影响了苹果产业的发展。近年我国苹果供给状况发生了根本性变化，供大于求的现象开始显现，卖难现象时有发生，提高果实品质、增强市场竞争力成为生产经营者普遍关注的问题。销售形势的转变迫使生产观念发生变化，人们对密植栽培的问题逐渐认识，栽植密度得到有效控制。目前乔砧园栽植密度已降到56株/亩，实行大苗移栽的地方，栽植密度有的已降到33株/亩，随着栽培密度的下降，每亩枝量得到有效控制，已由密植时13万～14万条/亩，降到了7万～8万条/亩，光照条件好转，优质果率大幅提升。

3. 修剪时期由重冬剪向四季修剪转变

在20世纪80年代以前，苹果树修剪基本上以冬季修剪为主，这在当时栽培的国光、金冠等萌芽率低、成枝力差的品种上应用是比较适宜的。但在红富士修剪时，仅进行冬剪是远远不够的。一方面，由于红富士继承了国光的特性，枝条有光秃现象，如果放任生长，会出现大段光干；另一方面，红富士具有萌芽率高、成枝力强的特点，如果管理不到位，许多无用萌芽得不到控制，不仅会造成大量养分的无效消耗，而且会导致园内光照恶化。因而在红富士苹果修剪时，春季萌芽前，在缺枝部位实行刻芽处理，萌芽时抹除背上及剪锯口周围的萌芽，在肥水供给充足、年均温较高的栽培区，夏季对幼旺树上的直立枝实行扭梢、摘心，对旺枝旺树环切环割，秋季对抱合的树拉枝开角是十分必要的。四季采用不同的方法修剪，促控结合，成为目前红富士苹果树体管理的主要措施之一。

4. 修剪手法由以短截、回缩为主，向以长放、疏除为主转变

苹果树修剪的最基本方法主要有短截、回缩、长放、疏除。在 20 世纪 80 年代以前，生产中应用最广泛的是短截、回缩，20 世纪 80 年代后，密植园兴起，为了有效地解决光照恶化问题，回缩手法应用得越来越多。但实践证明，短截、回缩在红富士生产中应用是不成功的，短截、回缩后导致养分集中、所留枝旺长，又会引起光照恶化。因而目前红富士苹果生产中，应用最普遍的方法是长放和疏枝。对于有用而且有生长空间的枝放任生长，到一定长度后实行拉枝处理，以缓和枝的长势，促进成花结果；对没用又没有生长空间的枝实行齐根疏除的方法，以减少枝量，优化光照条件。这种修剪方法简单明了，便于掌握，有利推广。

5. 树体结构由多级次大骨架向少级次小骨架转变

传统的乔化树形以疏散分层形、小冠疏层形为主，这类树形由主干、主枝、侧枝、枝组等多级组成，树形的培养时间长，树体进入结果期晚，有效结果部位少，不利于早果和产量提高。近年在生产中推广的改良纺锤形等小冠形树形，树体结构简单，在主干上直接着生结果枝轴或结果枝组，树体紧凑，树冠开张，树形培养时间短，进入结果期早，有效结果部位多，有利于丰产优质，因而纺锤形成为生产上应用最广泛的树形。

6. 树形由单一树形向复合形转变

传统的栽培习惯是从栽植到毁园一种树形应用到底，生产实践证明，这有多种弊端。像疏层形具有整形时间长、前期产量上升慢的弊端，纺锤形具有枝量过大、结果枝易衰弱的弊端。在长期的栽培过程中，人们将二者有机地结合起来，取长补短。在栽培的前期，推行改良纺锤形整形，以促进早结果；结果数年后，当园内光照恶化时，则将树形通过减少主枝、降低树高等方法，变为主干形；到树体充分生长、结果稳定时，通过落头开心、树体提干，使树形过渡为开心形。这样既兼顾了早期产量的上升、中期产量的稳定，又有利于果实品质的提高，成为生产中最理想的树形模式。

二、现代苹果树体调节的目的

苹果生产中树体的通透性和树体内的营养分配，对苹果产量、质量和生产效益影响最直接、最明显。修剪作为苹果树的调节措施，其最主要的目的有两个：一是保持树体有良好的通透性，二是合理调配树体营养。

1. 保持树体有良好的通透性

在果树管理中通风透光条件至关重要，影响着树体生长及成花情况。就外观而言，修剪的目的就是调整树体的通风透光条件，使通风透光条件优化，因而应随着树体的生长、枝量的增加，适时进行枝量调整，防止郁闭、光照恶化现象的出现。这就要求做好两方面的工作：既要进行整体控制，又要进行个体调节。整体控制既要控制树高，又要控制冠幅。根据大量生产实践，一般树高小于行距的70%时，树体对相邻行的影响小，因而树高应控制在行距的70%左右。像行距5m的果园，树高应控制在3.5m以内。一般树体间枝量交接在10%左右时，对产量和质量影响不大，超过10%，则产量和质量均呈下降趋势，因而株间枝量交接应控制不要超过10%。个体调节侧重点应为枝间距，特别是由初果期向盛果期过渡的时期至关重要。在幼树期为了辅养树体，通常留相应的辅养枝，由初果期向盛果期过渡时绝大部分辅养枝已完成使命，应注意疏除，疏除时注意分期分批进行，既要保证树体结构清晰，又不要影响产量。要保证树体内外、南北、上下均能良好受光，以利于产量和质量的提高。生产中有“要想苹果红，拉开枝间层”“要想产量上，枝莫把光挡”的说法。

2. 合理调配树体营养

果树修剪另一个目的是人为调配树体营养。在树体中营养的主要用途有两大类：一类是用于生长枝叶的，即用于营养生长的；另一类是用于开花结果的，即用于生殖生长的。最理想的状况是树势中庸，开花结果适量，这样既有利于产量的稳定，又有利于果实品质的提高。如果用于营养生长的养分多了，用于生殖生长的养分必然就少了，表现为树体枝梢旺长，成花能力差，所结果实少，产量低；相反地，用于生殖生长的养分多了，结的果多，果实生长消耗营养多，则会对树体的生长产生抑制作用，导致树势衰弱，加速树体衰老。在修剪中可根据枝梢生长及成花结果情况，采取相应的措施，使树体养分分配趋于合理化。在树体中大枝是骨架，小枝是肌肉，大枝少、小枝多有利于产量的提高。

三、现代苹果树理想树体的特征及调配措施

（一）现代苹果树理想树体的特征

现代苹果树理想的树体应具有以下特征：

1. 中干健壮

中干在树体中起领导作用，健壮的中干有利于抑制枝轴旺长，促进成花结果，因而培养健壮中干是现代苹果树管理的核心。在生产中要保持中干直立、粗壮、均匀，粗度要远远地大于其上分生的枝轴。不同的树体结构对枝干比的要求是不一样的，生产中应注意中干的培养。

培养健壮中干的方法主要有以下几种：

（1）扶干　红富士苹果树中干易弯曲，生产中可通过设立支柱的方法，保持中干直立生长。

（2）重截分枝　通过对中干上的分枝进行重截的方法，拉开枝干比，通过连续2～3年的时间将中干分枝剪光，就可培养出健壮的中干，有效地拉开枝干比。

（3）疏除中干上的过粗枝　对于中干上分出的过粗枝，要分期分批疏除，以保持中干有绝对的生长优势。

2. 枝条单轴延伸

现代苹果生产中多采用小冠树形，中干上着生枝轴较多。一般要求枝轴单轴延伸，其上不能有大型分枝，如出现大型分枝，一方面易导致光照恶化，另一方面会消耗大量树体营养，不利于成花结果。对于其上分生的较大分枝，应及早疏除。

3. 树体结构简化，级次宜少

一般可采用中干上着生枝轴、枝轴上着生结果枝组的三级结构或在中干上直接着生结果枝组的二级结构。

4. 下垂枝结果

下垂枝结果（图3-17）是现代苹果树体管理的关键，枝条下垂有利于增加枝条中光合产物的积累，成花能力高；下垂枝所结的果实表现果形正；下垂枝所结果实浴光充分，着色好。因而下垂枝结果既有利于产量的提高，又有利于品质的改善。

5. 枝量适宜

苹果树一般从幼树期开始枝量随树龄的增加而增大，进入盛果期如不加人

图 3-17　下垂枝结果情况

为控制，每亩枝量会达到 10 万以上，出现郁闭，影响内膛成花和果实品质的提高。因而在进入盛果期后，应人为地控制枝的总量，使每亩枝量在 7 万～8 万条，以利效益的提升。大量生产实践证明，在一定范围内，苹果产量与每亩枝量呈正相关，即随着枝量的增加，产量增加。但当超过一定范围后，树冠易郁闭，内膛受光量减少，成花能力弱，会出现结果部位外移现象，导致结果量下降，因而保持适宜的枝量是现代苹果树体管理的重点之一。

6. 枝的配置要合理

苹果树冠中光照强度从上到下逐步下降，同一层次内光照强度从内膛到外围逐步增大。在现代苹果树体管理中，对枝的配置要求较严格，要求相邻枝之间间距要适当，保证在枝条生长过程中枝枝见光，不能相互遮阴，一般中干上同侧枝轴间距应在 60cm 以上，枝轴上结果枝组间距在 20cm 以上，对于过密的枝应及早疏除。

7. 随树龄的增加变换树形

传统的苹果生产中往往使用大冠形树形，且一种树形应用到底，而在现代苹果树体管理中，树形是动态变化的，在幼树期、初果期、盛果期不同时期所应用的树形是不一样的。一般幼树期采用纺锤形树形，初果期向主干形过渡，到盛果期基本上就改造成开心形。

（二）苹果树体调配措施

苹果树体调配是生产管理的一个重要方面，合理地进行修剪对于果树早产、稳产、产品优质、保持树势旺盛均有十分积极的意义。

苹果树的修剪可全年进行，按照树体生长情况分为休眠期修剪和生长期修剪两个时段，各时段的修剪目的和手法是不相同的。

1. 休眠期修剪

指在落叶后到发芽前进行的修剪，由于主要在冬季进行，也称冬季修剪。在树体休眠期，树体内的养分大部分贮存在根和枝干中，剪除小枝，则树体营养损失少。由于休眠期树体内贮藏养分充足，修剪后枝芽量减少，有利于集中利用贮藏养分。修剪主要以调节枝的数量、枝条的分布、枝的组成、花芽数量为主。通过修剪调节，保持园貌整齐一致，树形规范，枝量适宜，结果枝、预备枝、营养枝组成合理，花芽适量。

休眠期修剪手法主要以疏除和回缩为主，疏除的主要对象为树体中的大枝、直立枝、过密枝、多头枝、轮生枝、对生枝、纤细枝、病虫枝等，回缩的主要对象为重叠枝、交叉枝、串花枝、结果之后的老化枝等。

2. 生长期修剪

指萌芽后至落叶前进行的修剪，侧重点为树体内营养的调节。通过营养调节，控制新梢生长，促进中、短枝形成，使树体生长与开花结果协调进行。幼树期以缓放为主，增加养分积累，为后期提高产量打基础；盛果期通过花果调节，以保持结果适量、树势健壮，防止树势衰弱，以利高产稳产。生长期修剪主要包括：

① 春季修剪：在萌芽后到开花前进行的修剪。春季修剪主要是抑制生长势，改变顶端优势，增加萌芽率，调节或控制花量。采用的方法有刻芽、抹芽、花前复剪等。修剪时应依据空间的大小合理选择修剪方法，在空间大处进行刻芽促枝，以填补空间，刻芽时注意以锯断皮层及部分韧皮部为主。对于剪锯口周围萌发的枝及树体内的过密芽要及早抹除，以保持通透性良好。花前复剪应在能分清花芽、叶芽后进行，在留够结果枝的前提下，对串花枝进行回缩，以集中营养；对过多的花芽进行疏除，减少树体养分的消耗；回缩无花的结果枝组，以改善通透条件。

② 夏季修剪：在 5～8 月份树体旺盛生长阶段进行的修剪。夏季修剪以调节新梢生长为主，能起到控势促转化的作用，即控制新梢生长，提高坐果率，促进花芽分化，增加中、短枝量，改善光照，削弱树或枝的长势。夏季修剪常

用的修剪方法主要有拉枝、环割、疏枝等。拉枝根据目的不同，应用的时间、对象和方法是不一样的，达到的效果也不相同。一般促花的，对拉枝的时间要求严格，应在花芽分化前进行，一般以5月下旬至6月上中旬进行为宜。而仅仅为开张枝条角度、改善光照条件，则随时可进行。环割也宜在5月下旬至6月上中旬进行，以增加成花量。疏枝则可随时进行，对于树体内的过密枝进行疏除，以改善通风透光条件。

③ 秋季修剪：秋梢即将停长到落叶前进行的修剪。秋季修剪主要是去大枝、摘梢心，能起到壮枝、壮芽的作用。土壤施肥耕作会切断部分根系，起到修剪根系、促生新根的作用。

3. 影响修剪效果的因素

苹果树修剪时要统筹兼顾，综合考虑各种影响树体生长的要素，才能取得好的修剪效果。根据生产实际，影响修剪效果的主要因素有以下几个：

（1）苹果树类型　苹果树按照砧木种类不同可分为乔化砧和矮化砧两种类型，按照枝条节间的长短可分为长枝大冠型和短枝型两种类型。类型不一样，树体的生长特性和修剪反应各异。修剪中应根据不同的类型，应用相应的方法，以取得好的修剪效果。

（2）品种特性　不同品种的萌芽力、成枝力、各类枝的比例、枝条的生长状况、坐果情况、成花量、果实质量各不相同，修剪时应依据品种特性进行。一般萌芽力强、成枝力弱的品种易形成中、短枝，具有成花早、结果早但发枝少的特点。成枝力强、萌芽力弱的品种分生长枝量大，长势强，但成花结果晚。萌芽力、成枝力都强的品种不易成花，进入结果期晚，易出现枝量过大、郁闭现象。萌芽力、成枝力都弱的品种易成花，结果早，不易整形。修剪时只有根据品种特性进行，才可解决生产中的不足，促使生产优质、高产、高效进行。

（3）树龄　树龄不同，生产管理的目标各异。一般幼树期修剪的目标以培养树形为主，通过枝条的合理配置，为树体搭好骨架。初果期修剪的目标应以规范树形、促进早果为重点，提高前期产量。盛果期修剪的目标应以提高产量和品质为重点，促使果实商品性提高，提升生产效益。衰老期修剪的目标应以延长结果年限为重点，促使苹果树整体生产效益的提升。在具体修剪时应突出各生长阶段的重点。

（4）树势　树势强弱不同，修剪中应解决的问题是不相同的，总体上要求旺树缓、弱树促，以达到树势中庸的效果。

（5）种植密度　密度不同，在修剪时的控制手段是不一样的。一般栽植越密，控制要求越严格，如控制不当，则易出现光照恶化，不利于产量、质量和效益的提升。

(6) 立地条件　一般山旱地苹果树，由于缺水，生长多不充分，长势较弱；而川水地由于土壤肥沃，树体生长时水分有保障，树体生长较旺。在修剪时应区别对待。

(7) 顶端优势　枝条顶端的芽或枝生长势最强，向下依次递减，这种现象为顶端优势。在修剪时，可通过利用或抑制顶端优势，调节树体或枝条的生长、结果及各部位的平衡。

(8) 芽的异质性　树体中不同的芽大小、质量各不相同，这种差异称为芽的异质性，一般“好芽发好条，饱芽结大果”，修剪中应充分利用优势芽。

(9) 层性　苹果树体中枝条存在明显的分层排列现象，这种现象称为层性。现代苹果树体修剪中，已不再强求层性明显，多提倡枝条插空摆布，螺旋上升。

(10) 枝的长势　枝的长势不同，结果能力差异较大，一般壮枝结果能力强，有利于产量、质量的提高，弱枝很难结出好果。

4. 正确应用修剪方法

(1) 短截　指将一年生枝剪掉一部分的方法。短截后可刺激剪口下的芽子，促进其发枝。短截的轻重程度不同，发枝情况是不一样的。由于枝条上的芽饱满程度各异，发枝能力是各不相同的，一般饱满芽抽出的枝条强壮，非饱满芽抽出的枝条细弱。修剪时可根据空间大小，确定短截的轻重。短截通常分为轻短截、中短截、重短截、极重短截。

① 轻短截。一般将只剪去单枝长的 1/4～1/3 的短截方法称为轻短截。轻短截由于剪口芽为弱芽，可缓和枝势，形成的中、短枝较多，有利于成花结果，但枝条基部的光秃带比较长。

② 中短截。从一年生枝的春梢中上部饱满芽处剪截（1/3～1/2）为中短截，剪口芽为饱满芽，萌发形成的中长枝比较多，母枝加粗生长快，使枝的长势增强。

③ 重短截。从春梢的中下部剪截（即剪去枝长的 2/3）为重短截，旺长的树短截后仍发旺枝，而对发弱枝的类型，即起抑制生长的作用，只发弱枝。

④ 极重短截。从枝条基部的瘪芽处剪截为极重短截，该方法有降低枝条着生部位、缓和树势的作用。一般发 1～3 个中短枝。

由于传统修剪中短截应用较多，刺激树体营养生长过旺，营养消耗过多，枝条成花较少。因而在现代苹果树修剪中，特别在红富士苹果树修剪时很少应用这一手法，仅在栽植后的第一、第二年少量应用，以后基本不再应用，这主要是由红富士苹果树萌芽率高、成枝力强的特性所决定的。

在苹果树栽植的头一年，普遍要进行定干，定干用的主要手法为短截。

根据我国目前苗木生产实际，定干时应分类进行。我国目前苗木供给情况分为两类：一类是符合国家颁布的苹果苗木生产标准，高度在1.2m以上、地径在1cm以上的优质苗木；另一类是有些地方培育的三当年苗，这类苗木生长高度大多在80cm左右，地径多不足0.7cm。这两类苗木在定干时应采取不同的措施，前者可采用常规的方法定干，即在离地面1m左右处进行剪截；后者若用常规方法定干，由于所留部分较短，易出现留枝过低、基部枝生长过旺的现象，因而应采用二次定干的方法，即将苗木在地面上60cm处剪截，生长季留顶芽生长，抹除其余所萌发的芽，让苗木生长一年，达到理想高度后再定干。

定干之后的工作为抹芽。要根据目标树形确定整形带，在留够整形带的情况下应将整形带以下的萌芽全部抹除。而在整形带内要有选择地留芽，一般剪口下第一芽作为萌发延伸枝的芽，是必须保留的，其下留芽应据树形而定。像目前生产中广泛应用的细长纺锤形树形可在留剪口下第一芽的基础上，抹除剪口下10cm以内的芽，在剪口下10cm附近留1芽，再将所留芽以下20cm内的芽抹除，在离剪口30cm左右再留1芽，注意所留两芽位置应相反。改良纺锤形的树体可在剪口下留4个芽，除留剪口芽外，以下每隔8～10cm留1芽，所留芽注意螺旋形分布，以有效地防止轮生和对生现象的出现。

栽植后的第二年，为了拉开枝干的粗度比，现代苹果修剪中普遍采用重短截的方法，在树体中除中央领导干外，其他的枝留2～3芽重短截，在发芽后留背下芽，抹除其余芽，这样就可有效地拉开枝干的粗度比。

（2）回缩　指将二年生以上的枝剪到后部分叉处的方法。回缩一般修剪量大，刺激作用强，抑制或加强作用明显，具有更新复壮的作用。传统修剪时回缩多用于复壮枝组，通过去掉部分枝组，集中营养供给所留枝生长，促使所留枝旺长。回缩手法可一年四季应用，冬剪时回缩修剪多用于培养枝组时缩短枝组的“轴”长度，使枝组紧凑。回缩修剪也用于骨干枝开张角度，或改变骨干枝的延伸方向。春季复剪时，对无花、长放的枝进行回缩修剪，以及夏剪时回缩修剪未坐住果的枝，可以节约树的养分，改善树冠内的光照条件。密植园在树冠已郁闭时也可用缩剪剪除部分遮阴枝，以解决郁闭造成的少花少果、树体徒长等问题。

这一修剪方法在现代苹果生产中已很少应用，特别是在红富士苹果生产中基本不用。红富士苹果生产中枝组更新主要通过替换进行，即枝组开始衰老、结果能力下降时，要及时在后部培养新枝，当新枝上出现花芽后，将老化枝剪掉。

（3）长放　即放任枝条生长的方法，这是现代苹果树修剪的主要手法之一。

枝条长放后保留的芽数多，发枝数也相对多，但长枝少、短枝多，可缓和枝条生长势，积累营养多，有利于枝条的增粗和花芽的形成。而连续短截的情况下，发枝多，形成的长枝多、短枝少，花芽形成数量少。生产中有“一缓二缓连三缓，缓出花芽再动剪”的说法。

一般对斜生枝、水平枝、下垂枝直接进行缓放；对强旺枝、直立枝、竞争枝和徒长枝先行拉枝后再行缓放。

（4）疏枝　是指把一年生枝或多年生枝从基部疏除的修剪方法。该方法多用于冬剪，夏剪时也有应用。疏枝可以减少枝条数量，改善树冠内光照状况及附近枝的营养状况。就整株而言，若上部疏枝较多，顶端优势就会向下部枝条转移，从而增强下部枝条的生长势；相反，如果下部疏枝较多，则会增强上部枝条的生长势。同时，由于疏枝减少了枝叶量，有助于缓和母枝的加粗生长，优化树体枝类组成。

疏枝也是现代苹果树修剪的主要手法之一。疏枝可控制园内整体枝量，保持良好通风透光性。枝条着生部位不同，疏除时方法有别，总的原则应坚持“干上疏大，枝上去杈，枝头不要俩，密处快疏下”。通过疏枝以保持树体主从分明，枝条摆布均匀、间距适当，枝条单轴延伸，防止大枝占位、后部空虚、结果部位外移，影响产量的提升。

疏枝时应以干枯枝、病虫枝、不能利用的徒长枝、过密的交叉枝、外围遮光的发育枝及衰老的下垂枝、直立枝、竞争枝、重叠枝、背上枝条为疏除对象。

一般按去枝量的多少将疏剪分轻、中、重三种类型，通常疏去枝量小于全树总枝量的10％时为轻疏剪；疏去枝量占全树总枝量的10％～20％时为中疏剪；疏去枝量超过全树总枝量的20％时为重疏枝。

疏枝的作用：

① 改变枝条的生长势。疏枝可以削弱剪口以上枝芽的生长势，增强剪锯口以下枝条的长势。剪锯口越大，这种抑前促后的作用越明显。但在树势强的树上，这种作用不明显。

② 促进花芽形成，特别是对旺树过密枝的修剪，由于改善了树冠的透光条件，增加了养分的积累，因此有利于花芽的形成和开花坐果。

（5）抹芽　在萌芽期将剪锯口及枝条上多余的芽子抹除，实行定位留芽，可减少树体养分的无效消耗，集中养分供给所留芽的生长，有利于培养壮枝。

（6）刻芽　指在萌芽前于芽上方或芽下方 0.2～0.5cm 处用刀横刻皮层，阻碍有（无）机养分的运输，以刺激所刻芽萌发抽枝、占领空间，保持树体丰满或控制枝条长势的方法。刻芽常用于幼树，以促进萌芽成枝，以利早成花、早结果；对于萌芽率低、成枝力差的品种，也可用于骨干枝的延长枝，以克服光腿枝，特别是可以定向发枝；对于长的发育枝，可以连续刻芽，或间隔刻芽，以更多、更均匀地诱发短枝。刻芽的时间以萌芽前后为宜，刻芽位置、宽度、深度等应据空间大小及需用生长枝的强弱而定。一般需抽生旺枝处，刻芽要早（萌芽前 1 个多月）、要深（至木质部内）、要宽（宽度大于芽）、要近（距芽 0.2cm 左右），以增强刺激效果，以利促发出长枝；而需抽生短枝的地方刻芽要晚（3 月下旬至 4 月上旬）、要浅（至木质部，但不伤及木质部）、要窄（宽度小于芽）、要远（距芽 0.5cm 左右），以减轻刺激，促发出短枝。刻芽时芽的位置不同，刻的方法也不同。一般背上芽由于长势旺，多采用芽后刻的方法，而两侧及背下芽多采用芽前刻的方法，生产中要注意区别应用。根据刻芽观察，一般背上芽在芽前刻易抽枝，两侧芽在芽前刻易出叶丛枝成花。刻芽时可直线刻，也可半月芽形刻，后者较前者促进萌发效果好。

（7）拉枝　是调整枝势、促进成花的主要措施。通过拉枝，可开张枝的角度，缓和枝的长势，增加枝条中光合产物的积累，促进花芽形成，这是高海拔地区红富士苹果树夏剪应用的主要方法之一。树形不同、枝的类别不一样，应采用不同的拉枝方法，以取得好的效果。像改良纺锤形树体整形时，总体要求枝轴拉平，枝轴上的分枝拉下垂。

（8）环割（切）、环剥　在低海拔地区，由于肥水充足，光热资源丰富，树体易旺长，仅靠拉枝控势是不够的，生产中可通过对旺长枝条进行环割（切），提高阻止光合产物下运的能力，增加光合产物的积累量，才能取得理想的控势促花效果。

环割（切）是在枝干上用刀或剪刀割一圈，深至木质部。强壮的枝可以间隔一段时间多道环割，两道割痕之间保留 8～10cm。环割有两个目的：一是促进花芽形成；二是控制树体长势，以提高坐果率。目的不同，环割的时间是不同的，一般为了促进花芽形成，环割最好在花芽生理分化期进行，通常 5 月下旬至 6 月中旬进行正当时；以提高坐果率为目的时多在春季萌芽后至花期环割。

环剥：在大型辅养枝的适当部位，用刮刀沿枝干横切两圈，然后剥去其皮层，可以阻碍伤口以上有机物质的下运，促进上部枝条成花、坐果。环剥的宽度一般以枝干径的 1/10 左右为宜。

环剥的时间因环剥的目的不同而异。为促其发生短枝，形成花芽，宜在花后一个月进行；为提高花朵坐果率，宜在花期进行。在环剥时应注意：以环剥适龄不结果的过旺树为主，不能环剥小树、弱树，环剥时应以树体中的临时性枝为主要对象，不能环剥结果树主干和大枝。环剥最好在新梢第一次生长停长至第二次生长开始前，即5月底到6月初进行，开花前后不能环剥。环剥前应浇水或下雨后剥去。环剥后用报纸遮盖保护剥口，防止太阳曝晒，不要用手摸剥口，剥口不能涂药。

（9）拿枝　也称捋枝，指一定时间内重复用手握住枝梢由下而上逐渐移动弯伤木质部，不裂伤皮层的措施。拿枝时用左手握平枝条，用右手向下握折枝条，折伤木质部，从基部软拿到顶部。拿枝通过人为造成内伤，减缓前端长势，改善后部芽体质量，可削弱枝条的生长势，促进成花。拿枝还能使幼枝及早开张角度，使枝条转化结果。拿枝的主要对象是培养辅养枝、主轴延伸枝组的新梢，超过树高或树冠的延长新梢等。新梢于8月中下旬拿枝，能促使该枝充实或形成腋花芽，翌年多生中、短枝和顶花芽。1～2年生枝于5月中下旬至6月上旬和8月中下旬两次拿枝，可使其当年促生分枝和1/3左右的分枝形成顶花芽；于6月初、7月初和8月初3次拿枝，可使其当年促生较多的分枝和1/2左右的分枝形成顶花芽。

5. 现代苹果树修剪的关键环节

好的苹果树体结构应具备强中干、少级次、枝单轴、密留枝、条下垂的特点。因而在修剪时应注意做到：

（1）保持中干强势生长、拉开枝干比，维持树体的营养平衡　保持树体有健壮的中干、拉开枝干比是现代苹果树简化修剪的最主要特征之一。一般枝干粗度相差越大，枝条越易成花结果。一般应将枝条的直径控制在所着生处中干直径的1/3以下。

（2）减少枝干级次组成，促进养分向生殖生长流转　如果树体枝干的级次较多，则养分大部分用于维持枝叶的生长，用于成花结果的就少，导致进入结果期晚，产量提高受到限制。应用一、二级或一、二、三级结构，在中干上直接着生结果枝，或在中干上着生枝轴、在枝轴上着生结果枝，由于树体组成结构得到简化，树体生长对养分的消耗相对减少，用于成花结果的养分相对增加，有利于早果丰产。

（3）保持枝条单轴延伸，优化通风透光条件　简化修剪中始终保持枝条单轴延伸，以保持良好的通透性。随着树体树干级次的减少，就单株个体而言，枝轴及结果枝的量相对增多。保持枝轴、结果枝单轴延伸，可有效地防止树体光照恶化。

（4）增加枝轴及结果枝的量，促进产量的提高　简化修剪中，通过减少树体枝干级次组成，有效地腾出了空间，可在中干上尽量多地摆布枝轴或结果枝，增加有效结果部位。

（5）利用下垂枝结果，提高产量和品质　将枝条拉下垂，可减缓光合产物向后部运输的速度，增加枝条光合产物积累，有利于成花结果，所结果实果形正，高桩明显，着色优良。利用下垂枝结果，对于提高产量和品质均是十分有益的。

（6）促生中长果枝，提高结实能力　苹果树体中的枝条分为营养枝和结果枝两大类，两类枝是可以相互转化的。营养枝缓放后，可形成花芽，转化为结果枝；结果枝在受到刺激后，可抽生营养枝。通过不同措施，可促使枝条转化，从而达到调控的目的。

结果枝又有长果枝、中果枝、短果枝之分，各类结果枝结果性状是不一样的，所结果实大小及品质与结果枝相关性很大。一般长果枝叶片数量多，枝条制造的营养充分，所结果实较大，这就是幼树期所结果个大、质优的根本原因所在。中果枝结果性状次之，短果枝虽然结果性状稳定，但由于受叶面积限制，果实的大小差异较大。在进入盛果期后，大型果的比例会呈现逐年下降趋势，到衰老期，结果枝绝大部分为短果枝，果实普遍较小。因而促生适量的中、长果枝是提高产量和品质的关键。

（7）修剪手法以拉枝为主　利用塑料袋将枝吊平或用塑料绳将枝拉平均属于拉枝管理，是苹果修剪的主要措施之一。正确合理地应用拉枝技术可起到平衡树势、改变枝类组成、改善树体内膛光照、促进成花、提早结果、促进着色、提高品质的效果。

开始拉枝的时间不宜过早，枝一拉平，顶端优势转化为枝背优势，生长势即刻转弱。拉枝过早易形成小老树，对树体健康生长非常不利，而且枝上芽子萌发增加，易出现分枝，不利于单轴延伸树形的培养。在我国一般在枝长达1.2～1.5m时开始拉枝，具体在栽植第3～4年开始拉枝较理想。

拉枝一年四季都可进行，但拉枝的目的不同则拉枝的时间是不同的。一般用于改善光照条件的拉枝，全年均可进行；而促生短枝、改善枝类组成、促进成花的拉枝，则以5～6月进行效果最为理想。不同的时间拉枝效果也是有差别的，一般春季拉枝易出现冒条现象，而秋季拉枝，则冒条较少。在生产中要根据不同的目的，确定具体的拉枝时间。

一般拉枝的时间不同，所用的方法是不同的。在生长季，枝条较软，可以将枝一次性拉到所需角度进行固定。而在休眠期，枝条较硬，在拉枝时先要进行软化，可将枝上下左右反复活动，待枝条软化后压到所需角度再进行固定。枝的大小不同，拉枝的方法也是不一样的。一般小枝较软，“一下压，二固定”

即可；大枝木质化程度较高，枝较硬，在拉枝时可采用“一活动，二下压，三固定”的方法，对多年生大枝可采用背后连三锯、连五锯、连七锯的方法进行开角。

（8）突出松散下垂珠帘式结果枝组的培养和管理　松散下垂珠帘式结果枝组符合苹果结果习性，枝组下垂，有利于物质积累，成花容易，所结果实个大，形正，优质果率高。松散下垂珠帘式结果枝组（图 3-18）在苹果生产中的应用，是人们长期探索总结的结果，是传统管理方式向现代管理方式转变的标志之一。

图 3-18　纺锤树形枝轴上松散下垂珠帘式结果枝组的培养

① 松散下垂珠帘式结果枝组的培养有四个先决条件：

a. 要有充足的空间。松散下垂珠帘式结果枝组的培养以缓放为主，好的枝组长度超过 1m，空间不足，则生长受到限制，其优势没法体现。因而生产中多应用于改形后的树体，通过提干、疏枝、压缩叶幕层，以腾出空间，培养松散下垂珠帘式结果枝组。幼树期应用时，定干要高。

b. 枝组与母枝的粗度差距应大。只有在母枝较粗的情况下，才可有效地控制枝组旺长，促使其顺利结果，如果枝组和母枝的粗度差距拉不开，则枝组长势不易缓下来，不利于结果。因而在生产中多将枝组与母枝的粗度比控制在 1∶3 以下。

c. 枝组要保证单轴延伸。枝组单轴延伸一方面有利于营养物质的充分利用，另一方面可保证树体有良好的通透性。因而松散下垂珠帘式结果枝组培养时应严禁短截。

d. 枝组间距应适宜。枝组间距应据枝组大小确定。一般大型枝组间距应在60cm左右，中型枝组间距应在40cm左右，小型枝组间距应在20cm左右，以确保枝枝都能够见光，防止枝量过大，导致郁闭现象的出现。

② 松散下垂珠帘式结果枝组的培养。根据我国在红富士苹果生产中的应用情况，松散下垂珠帘式结果枝组的培养主要有以下几个步骤：

a. 养枝。枝的长度、粗度、颜色、硬度及春秋梢比等共同决定枝的健壮程度。一般健壮枝较粗，有春梢无秋梢或秋梢很短，枝的颜色较深，枝较硬，前后几乎一样粗，这类枝成花能力强，结果性能稳定；而春梢短、秋梢长、枝纤细、色浅、枝软者成花结果性能差。因而在生产中要注意养枝，以便培养健壮枝组。养枝时一要保证有充足的空间；二要加强年周期前期的肥水供给，在6月份前促进生长，尽快形成光合面积，6月份后要控氮控水，保证新梢适期封顶，保证枝长在60cm到1m，枝粗在6～10mm。

b. 变向。由于枝条具有极性生长特点和顶端优势，一般枝条直立生长时，营养生长占优势，不利于光合产物积累，对花芽形成不利，因而在花芽分化期要注意缓和枝的长势。可在8～9月份将直立或斜生的枝拉下垂，改变枝的生长方向，促进营养生长向生殖生长过渡，以培养松散下垂珠帘式结果枝组。

c. 管理。松散下垂珠帘式结果枝组成花容易，结果能力强，若管理不当，易出现过量结果现象。过量结果会严重削弱枝长势，导致枝条细弱，结果能力下降，不利于产量和品质的提高。因而加强松散下垂珠帘式结果枝组管理很重要。根据我国的生产经验，这类枝组管理应从两方面着手：一是应以长放为主，尽量减少刺激，特别是红富士生产中严禁短截；二是要严格控制留果量，富士、秦冠等大型果，可按25cm的间距留果，疏除多余果，防止结果过量。

d. 更新。一般松散下垂珠帘式结果枝组如控制得好，可连续结果5～7年，之后会出现老化现象，结果能力会下降。生产中对老化的枝组及细弱的枝组要注意及时更新，保持树体整体有较高的生产性能。下垂枝组的更新应主要以替换更新为主，少用回缩更新法。

6. 老果园修剪改造

我国苹果生产中有大量建于20世纪80～90年代的苹果园，由于建园时密度过大、树龄老化等原因，所产果品质量低劣，生产效益低下，已成为我国苹果生产中的主要制约因素。对之进行改造，是提高我国苹果整体质量、增加苹果生产效益的当务之急。在这方面，我国各苹果产区进行了大量的探索，现将一些成功做法介绍如下。

自21世纪初，甘肃静宁就在不断地探索老果园改造的办法，提出了间伐、提干、落头、开层等改造措施。具体情况总结如下：

① 凡采用提干、落头、开层措施改造的树体，由于枝量得到有效控制，

所留枝的营养状况得到改善，新梢生长量、枝的粗度、百叶重均有明显提高，树势明显得到优化。

② 间伐改造是最有效地解决郁闭的措施，如配套措施能跟上，对产量影响较小，对品质的提升有极显著的促进作用。

③ 老果园改造是个系统工程，只有各项配套措施落实到位，才能产生预期效果，否则会导致产量降低，树势急剧衰弱，不但果实品质得不到提高，甚至会引发腐烂病，出现毁园的危险。

7. 密植苹果园间伐改造的优点及注意事项

（1）密植苹果园间伐改造的优点　栽植密度过大、园内光照条件恶化、结果部位外移、果品质量下降、生产效益下滑是我国苹果生产中普遍存在的问题。经大量生产实践证明，密植苹果园进行间伐改造具有如下优点：

① 可彻底解决果园的通风透光问题。在苹果树生长过程中，地上部分与地下部分相互制约、相互促进，处于动态平衡状态。大量事实证明，密植苹果园如只实行锯大枝改造（即大改形），只是权宜之计。大枝被锯除后，地上、地下的平衡关系被破坏，根系吸收的大量养分又会使所留枝旺长、变密。而挖树间伐后，所留植株地上、地下平衡关系没有被破坏，且很好地腾出了空间，可从根本上解决通风透光问题。

② 有利于提高产量。挖除多余植株后，对单株树而言，可利用空间大了，可将直立枝拉平、拉下垂直，内膛见光多了，结果多了，产量就上去了，整体产量就提高了。

③ 促进品质提高。通过挖除多余的树，有效地降低了枝量，园内整体通风透光条件明显好转，再通过对单株树体修剪时的去粗、去大、去长改选，从而可保证树体枝枝见光、果果向阳，使果实品质大幅提高。

④ 复壮树势。密植园内栽植的树多，树体之间竞争养分、水分，造成养分分散，树势弱。过密的树被挖除后，同样的肥施进去，可集中利用，树就旺了。

⑤ 控制腐烂病的发生。培育健壮植株是防治腐烂病的根本所在，加之挖除过多树后，园内空气流通了，对腐烂病的抑制效果也好了，可控制腐烂病的发生。

⑥ 减少投资，节约成本。密植园每亩栽植株数在56棵以上，通过间伐可保留28棵树，间伐后肥水、农药、果园用工等投资都比过去减少了，生产成本也就降低了。

（2）密植苹果园改造的注意事项

① 择优留树。在果园内，不同个体结果能力是不一样的，既有品种间的

差异，也有植株间的区别。还有的植株因受病虫危害，特别是受腐烂病危害后，植株内物质运输受阻，结果能力下降。在间伐改造时，要注意择优留树。要尽量选择品种优良、树体完整、无病虫危害或危害较轻的植株，以提高所留植株的生产能力，促进生产效益的提高。

② 彻底清除间伐对象。对于所确定的间伐对象，应彻底清除地上、地下所有的枝、干、根等。可先锯除树体上的枝干，然后挖除主干，以防碰伤所留树体，挖除果树时要掏尽根系，防止根腐病蔓延，保护所留植株根系使其健壮生长。

③ 树穴的回填。由于在树体长期的生长过程中，树穴内的养分被大量消耗，有毒物质大量积累，这对于果树生长非常不利。可利用回填的机会，在穴中施入大量有机肥或埋入杂草，以补充土壤营养；用行间熟土填穴，优化穴内土壤结构，将所挖出的土壤摊平熟化。

④ 加强所留植株的管理，提高结实能力，促进产量的恢复、提高。间伐对于果园内的群体是一个破坏过程，而改造是重建过程。由于间伐后，单位面积上的植株减少，养分供给集中，光照条件优化，对于苹果品质的提高是非常有益的，而间伐后头1～2年，产量略有下降，促进产量的恢复是间伐园管理的重中之重。生产中应重点抓好以下工作：

之一，强化树体管理：

a. 淡化树形观念，转化调控目标。间伐改造苹果园应以提高产量、品质，提升效益为目标，不要受传统观念束缚，因树作形，不要过分强调树形。只要所留植株枝条角度开张，枝组丰满，骨架牢靠，结果枝下垂即是丰产树相。

b. 充分利用所留植株的枝条，增加园内枝量。间伐改造苹果园进行树体调控时，枝条应以长放为主，尽量少去枝或不去枝。由于苹果园内植株间伐后，腾出了足够的空间，因此整体光照条件得到优化，所留枝条基本上可充分浴光。对于长枝要尽量实行拉枝改造，使其转化为结果枝，在间伐后1～2年内将每亩枝量恢复到7万～8万条，以形成新的结果群体。

c. 强化下垂枝的培养。下垂枝结果符合苹果生长特性，有利于光合产物的积累。所结果实果形正、品质优良。同时结果枝下垂后，可改善园内光照条件，因而间伐改造后，要尽可能多地培养下垂枝结果。对于枝轴上抽生的枝条，实行长放的管理措施，将其培养成健壮枝组，然后通过拉枝变向，改造成下垂结果枝。这是提高产量和品质的核心措施，生产中应高度重视。

之二，培肥土壤：

a. 有农家肥的地方，应施足农家肥。间伐后的苹果园应保证每亩施量在5000kg左右，或每株施用沼渣50～100kg。农家肥不足的地方应施用商品有机肥，保证每亩施量在500kg左右，为高效生产打好基础。

b. 在作物秸秆丰富的地区，推广秸秆覆盖法。这是提高土壤有机质含量的有效措施，在树盘、树行或整园覆盖上作物秸秆，秸秆经2～3年腐烂后，埋入土壤中，可大幅提高土壤有机质含量，对于苹果生产非常有利。

c. 有浇水条件的地方，进行生草栽培。生草栽培也是解决土壤有机质短缺的有效途径之一，可通过在行间间种三叶草、黑麦草等浅根性、生长量大的草，在生长季刈割，覆盖树盘或直接翻压，以增加土壤有机质含量。

之三，加强保墒，防止树势衰弱：在我国北方，降水少，干旱缺墒是导致树势衰弱、影响苹果产量和质量的主要因素之一。间伐后的苹果园应强化保墒措施，通过果园覆沙、覆草、覆膜等措施，提高土壤水分利用率，保证树体健壮生长。

之四，保护叶片，增加光合产物积累：加强对危害叶片的病虫的防治，保证叶片完整，提高树体制造光合产物的能力；秋季进行叶面补肥，延长功能叶的生长时间，增加光合产物积累，增加树体营养。

第九节　加强花果管理，提高精品果率

花果管理是生产精品苹果的关键环节之一，根据我国苹果生产实际，应重点加强以下工作：

一、配置专用授粉树

我国苹果生产中最突出的问题之一是种植品种单一，缺少授粉树，导致授粉不充分，坐果率低，所结果实果形不正，品质不高，因而配置授粉树在我国苹果生产中应该加强。在苹果生产中配置授粉树时，除按传统的方法配置经济价值高、花期与主栽品种相遇、花粉量大的授粉品种提高授粉效果外，新建园也可借鉴国外的经验，配置专用授粉品种。近年来，我国苹果生产中开始栽植海棠为苹果树授粉，效果不错，可大面积普及。用海棠给苹果树授粉时，可在果园周边、生产道路边上栽植，尽量少占用果园空间，以提高果园产能。

二、花期人工辅助授粉

近年来，我国北方苹果产区，花期晚霜危害及沙尘暴、干热风等极端天气出现频繁。晚霜导致花器受损；沙尘暴导致花器黏液减少，花粉散粒困难；干热风易导致发生焦花现象。这些均不利于苹果坐果，严重影响果实品质。在极

端天气出现后，人工辅助授粉作为补救措施，对提高果实产量和质量均有显著效果。特别是应用人工点授花粉，不但有利于保证适位坐果，更重要的是点授花粉后，所点花朵由于赤霉素含量增加，会迅速生长，具有明显的吸收营养的优势。没有点授花粉的花朵因吸收营养处于劣势，便会很快脱落，不需进行疏花疏果，可大幅度地减少果园疏花疏果用工，一般点授每亩苹果树需用工一个，而每亩地疏花疏果至少需要用工 4～5 个，因而人工点授花粉是苹果省工栽培的有效措施之一。

点授时所用花粉可自制或邮购花粉公司制成的花粉，邮购的花粉运到后应放入冰箱中恒温保存，以防花粉失去生命力，影响授粉效果。自己制作花粉时，应在授粉品种花朵呈铃铛状时采集，将采下的花朵清除花梗、花瓣等，只留花药，摊开在干净的白纸上，然后置于 25～30℃的条件下，待花药开裂后，再用 60 目的细筛过筛，收集纯花粉，放到 0～5℃的干燥条件下保存备用。

盛果期苹果树每亩点授时需用花粉 10g 左右，一般需采集鲜花 300～400g 才能满足生产需要。购买商品花粉每亩大约需用 60～70 元。

授粉时按 1 份花粉 5～10 份淀粉的量配制，将二者充分混匀，然后用毛笔或海绵蘸取花粉，进行点授。一般蘸一下，可点授 10 朵花左右，可按留果间距合理点授，防止点授过多加大疏果用工。一般大型果可每隔 25～30cm 的间距点 1 朵花，中心花所结果实性状典型，应作为主要点授对象。

在整体花量开放 50%左右时点授效果最好，此时所开花质量好，所结果实品质优良。

三、保花保果

近年来，我国北方苹果产区气候异常，花期霜冻、沙尘、雨淋等灾害频繁发生，严重影响坐果。特别是花期常受晚霜的危害，给果树生产造成了严重影响，导致减产甚至绝产，因而保花保果工作显得尤其重要。

根据生产实际，在花期采用以下措施，可减轻冻害：

1. 熏烟

花期注意收听天气预报，在有霜冻发生的凌晨，可在果园内点燃由湿草、锯末等组成的熏烟剂，在果园上空形成一层烟雾，对减轻霜冻危害是非常有益的。

熏烟时，可在果园的不同位置放置 5～7 堆湿草与锯末的混合物，在夜间 11 点后到早晨 7～8 点太阳升起前连续放烟才有效果。放烟时注意，草堆上不要有明火，以放出浓烟最好。

2. 延迟花期

延迟花期可避开或减轻霜冻的危害，生产中常用的措施有：在萌芽前地面灌水或树体喷水，降低地温或树体温度；实行覆草栽培，延缓地温的上升；早春树体喷5%～10%的石灰液。

3. 花期喷肥，提高植株抗霜冻的能力

在花前7天左右喷PBO（果树促控剂）250倍液，蕾期、盛花期喷0.4%的天达2116均可提高植株的抗冻能力，减轻危害。

四、疏花疏果

在对苹果树疏花疏果时应注意以下事项，以保证苹果生产优质高效：

1. 总留果量的控制

一般苹果树疏花疏果分三步进行，一疏花序，二疏果，三定果，这是在长期的生产实践中形成的一套较简单的留果量控制方法。疏花序时按“逢六去四”的方法进行，即每6个花序中留两头的两个花序，疏掉中间的花序，这样所留花序间距在25～30cm，全树大体上有65%左右的花序将被疏掉，可大大地减少坐果消耗的养分（图3-19）。一般每个花序有6朵花，坐果后疏果时按“逢六去五”的方法进行。一般中心花所结果实性状典型，予以保留，疏掉边

图3-19 疏花

果。在套袋前进行定果，注意疏除病虫果、小果、授粉不良引起的畸形果，留果个大、果柄弯曲上翘、果形高桩的果实，以提高优质果比例。盛果期壮树丰产园每亩留果量控制在2万～2.5万，一般园控制在1.5万～1.8万，弱树低产园控制在1.2万～1.5万。

2. 注意留饱花壮果

在树体中花、果所处部位不同，生长情况差异较大。一般壮枝所含养分充足，其上形成的花芽饱满，结的果实个大；细弱枝由于营养所限，很难长出大型果。花芽有顶花芽和腋花芽之分，一般中短果枝顶花芽所结果在生长过程中，由于有较多叶片供给养分，个头较大，腋花芽由于供养叶片较少，一般所结果多为小型果。在一个枝条中，中部芽饱满，所结果大型果比例高，而基部和梢部由于芽多不饱满，所结果大型果比例低。因而在疏花疏果时应重点留壮枝所结果，在花量足的情况下，要疏掉全部腋花芽，枝梢部30cm以内的所有花果应疏掉，一方面提高优质果的比例，另一方面防止梢部结果导致枝头下垂。

3. 疏花疏果时间

在不受冻害、园内有充足授粉树的情况下，疏花疏果越早越好，可减少开花结果所消耗的树体养分，集中养分供给，促进所留果充分生长。一般疏蕾好于疏花，疏花好于疏果。但在果园内缺少授粉树、花期气候恶劣的情况下，不提倡疏蕾疏花，应以保产为目的，在坐果后疏果即可。

五、苹果套袋

1. 果实套袋的优点

果实套袋栽培是进行精品苹果栽培的有效措施之一。由于套袋的苹果经济效益很好，在生产中受到重视，推广面积在逐年增大。这主要是由于果实套袋有以下优点：

（1）防止病虫危害　由于套袋，将果实与外界隔绝，病虫难以侵害果实，可有效地防止病虫危害。

（2）防止农药污染　套袋后，在果树用药时果袋可保护果实避免被农药污染。

（3）防止日烧病　日烧病是阳光直射果实造成的，套袋后果实有袋遮阳，可避免阳光直射，防止日烧病的发生。

（4）减少果蝇、鸟雀危害　果蝇及鸟雀危害常使果面变脏，残次果增加，导致生产效益低下。套袋后，可有效地降低这类危害，增加好果的比例，提高效益。

(5) 提高水果糖分　套袋后，果实生长的环境改变，昼夜温差加大，有利于糖分的积累，提高果实中糖分的含量。

(6) 减少落果损失　果实套袋是在严格的疏花疏果基础上进行的，果树负载量适宜，则很少出现生理落果。

(7) 改善着色度　套袋最大的优点是可有效地提高果实的着色度，使果实变得色泽诱人。

(8) 提高果面的清洁度　果实套袋后，可避免果锈病等病害危害果面，保证果面光洁。

2. 果实套袋的具体操作

在果实套袋前应先疏花疏果，喷杀虫杀菌剂，然后再套袋。

疏花疏果如上文所述分三步进行。

疏果后及时喷2～3次杀虫杀菌剂进行果面保护，杀虫剂以菊酯类农药为主，杀菌剂以甲基托布津、多菌灵等保护性杀菌剂为主，通过杀虫杀菌剂的喷施，保护果面，防止污染，提高套袋效果。

套袋作业应在花后1个月内完成，最迟不要超过6月底。套袋可用纸袋，也可用塑料袋，无论哪种袋，在套袋前应留有通气孔并吹鼓，套袋后使果实处于袋中央，绑扎时应将袋绑于果台上，避免在果柄上绑扎。

套袋仅起保护果实的作用，对枝叶的病虫害应及时防治，保证树体健壮生长，提高结实力。

应按所套袋的种类不同进行除袋。塑料袋不必除袋，可在果实采收时带袋采收；纸袋除袋分两次进行，在采前10～15天除袋较适宜，应先除去外层纸袋，6～7天后，再除去内层纸袋，若一次性将纸袋除去，会导致日灼烂果。

3. 精品苹果套袋栽培的十大配套措施

套袋栽培是苹果生产中提质增效的主要措施之一，在苹果主产区普及率在90%以上。套袋栽培对于提高我国苹果产品质量和经营效益具有十分重要的意义。但目前生产中存在着各种各样的问题，制约着套袋果生产效益的提高。主要问题如下：一是投资成本增加；二是红、黑点病有逐年加重的趋势；三是康氏粉蚧、黄粉虫成为套袋果的主要害虫；四是皱裂现象时有发生；五是日灼会造成烂果损失；六是果实风味变淡；七是果实变小，等等。要解决上述种种问题，必须采取综合措施。根据生产实践，采用以下措施，可减少上述问题的产生，提高套袋果的生产效益：

(1) 补养　相比较而言，套袋栽培为高投入高产出的栽培模式，通常套袋果的价格是未套袋果的2～3倍。基肥应施用充足，追肥施用适时、适量、适品种。基肥多在秋末冬初施入，每亩施优质农家肥在10000kg以上，据树体生长及成花情况，酌量施用氮、磷、钾肥，保证氮、磷、钾三者的比例在1∶1.2∶1.2。对于秋末冬初施肥不足的，在春季应抓紧补施，保证养分供给。花前应及时补充氮肥；6月份后要控制氮肥的供给，多补充磷、钾肥；8月份施一次氮磷钾复合肥，以促进糖分的积累和果实品质的提高。与无袋栽培相比较，套袋栽培对肥料的需求量大，特别是对磷、钾的需求量大，生产中应注意补充供给，以克服果个偏小、风味变淡的问题。

（2）疏枝　保持枝量适宜、树体通透性良好是生产精品苹果的必备条件之一，可以通过疏枝来实现上述目标。套袋栽培应重点抓好生长前期及生长后期的疏枝。前期疏枝重点在于节省养分，减少消耗，在发芽后应及时疏除无用枝及竞争枝，减少树体养分的消耗，使树体养分集中供给生殖生长，促进果实生长和花芽分化；后期疏枝重在改善光照，以促进果实着色为主，应在脱袋后及时疏去遮光枝，以利果实着色。

（3）疏果　套袋栽培应在严格的疏果基础上进行，苹果花序中心花所结果实性状较典型，应作为主要留果对象。疏果时可采用距离间隔法，据果型大小，确定留果间距，一般富士、秦冠等大型果可采用25～30cm的间距留果，所留果应以下垂果为主，少留背上果。在不受冻害的前提下，疏果越早越好，有利于节省树体营养。

（4）喷药　与无袋栽培相比较，套袋栽培喷药具有如下特点：套袋前及脱袋后喷药要求更严格。一般在发芽前应细致喷一次波美度5°Bé的石硫合剂，以铲除越冬的病菌和虫体，为全年的防治打好基础；在套袋前应重点做好红蜘蛛、顶梢卷叶蛾、潜叶蛾、金龟子、苹小卷叶蛾的杀灭及白粉病的治疗，炭疽病、轮纹病的预防工作，在发芽前可用35％轮纹病铲除剂100～200倍液喷树干，发芽后喷一次70％代森锰锌800～1000倍液＋15％哒螨灵乳油3000～4000倍液＋25％灭幼脲3号悬浮剂2000倍液控制前期病虫；在套袋前7天再喷一次800倍液的70％大生M-45＋2.5％敌杀死3000倍液，减少红、黑点病的发生及防治康氏粉蚧；套袋栽培由于有袋的保护，轮纹病和炭疽病、食心虫的危害大大降低，在有袋期，重点在于防治危害叶及枝干的病虫，重点病虫害有白粉病、落叶病、轮纹病、炭疽病、蚜虫、螨类、蛾类、天牛、吉丁虫等，可用5％尼索朗乳油2000～2500倍液、20％百虫净乳油1500倍液、25％灭幼脲3号悬浮剂2000倍液、50％新光1号乳油1000～1500倍液交替喷防，白粉病发生严重时，应及时剪除病梢，并喷施25％粉锈宁600倍液治疗，有吉丁虫危害的，应及时刮除危害枝，杀灭幼虫；脱袋后，重点在于防治轮纹病、炭疽病、食心虫、落叶病，可喷25％百虫净乳油500倍液＋70％甲基托布津可湿性粉剂800倍液防治。

（5）补钙　缺钙是苹果发生生理性病害的重要原因之一，特别是红富士、秦冠等易感品种，常因缺钙而出现斑点，导致果肉呈海绵状、变色，不堪食用，影响品质的提高，成为提高生产效益的主要制约因素之一。在苹果套袋栽培时，果实呼吸作用减弱，缺钙现象明显，果实吸收钙的动力不足，黑点病、果实皱裂现象时有发生，因而在套袋栽培时，对补钙应高度重视。一般苹果对钙的吸收具有明显的高峰期，一次在坐果后 1～5 周，另一次在采前 1 个月，其中 90％的钙在坐果后 1～5 周吸收，因而在套袋前应及时补钙。由于钙在树体内移动性差，具有就近供应的特性，根吸收的钙供给枝叶的较少，供给果实的更少，因而补钙以根外追肥为主。根外追肥应以果实为主要喷施对象，一般可用 0.57％的氯化钙或 0.8％的硝酸钙、0.8％的氨基酸钙在套袋前交替喷施，每 2～3 周喷一次，共喷 2～3 次；在脱袋后结合防治病虫，应及时再喷一次，以提高果实的硬度，提高贮藏性。

（6）选袋　一般高质量的果袋可连续应用 2～3 年，而且套袋效果较好，而劣质果袋易出现问题，特别是易发生果实病害和日灼，因而要注意选袋。旧袋在应用前要细致整袋，最好能在杀菌剂中浸泡一下，以提高套袋效果。

（7）灌水　套袋果易发生日灼现象，在高温干旱时应及时浇水，以增加树体内水分含量，保障蒸腾作用的顺利进行，减少日灼危害。特别应注意春旱期和伏旱期的浇水，以增大果园内的湿度。在春旱严重的地区，在套袋前必须浇一次水，在 7 月底 8 月初降水少时也应适量浇水，以促进果实生长。

（8）防日灼　日灼常造成大量烂果损失，特别是在干旱地区或干旱年份，损失更大。除通过浇水减轻日灼危害外，在干旱地区和干旱年份，要增加果袋的透气性，以降低袋内温度，减轻危害；另外，要避免在高温期套袋或脱袋。甘肃静宁果区群众普遍选择在连续阴雨天一次性脱袋。

（9）中耕　目前我国果园大部分仍以清耕为主。生产中要及时中耕，以铲除杂草，节省养分和水分，促使养分和水分集中保证果树生长结果。通过中耕，改善土壤的理化性状，刺激根系生长、增强吸收功能，进而促进树体生长。

（10）增色　生产中促果实增色的主要措施有：摘叶、转果、铺反光膜和喷肥。一般在脱袋后应及时将果台基部叶片及果实周围遮光的叶摘除，增加果实受光量，促进果实着色，摘叶量控制在总叶量的 30％左右。结合摘叶进行转果，以利生产全红果，有条件的可在树下铺反光膜，对促进果实着色是非常有利的。铺反光膜时应人为地制造皱折，以提高反光效果。在采果后结合喷药，喷用红果 88、果必红及 0.2％的磷酸二氢钾，可大幅度地提高着色程度和着色速度。

六、生产大型果

果实大小是苹果质量的主要指标之一，进行大型果生产是提升生产效益的有效措施。

（一）生产大型果的条件

根据生产经验，要产出大型果必须具备健壮的树体条件，即树要旺，枝要壮，芽要饱，叶要厚。

果树的树势是生产中管理的主要依据，正确判断树势的强弱，是合理落实管理措施的基础。树势的强弱，一般可根据枝、叶、芽的生长情况判断。

1. 枝条生长情况

① 枝条长度。初果期以前，1 年生枝长度多在 60～70cm，为中等长势，100cm 以上为强长势，30cm 以下为弱长势；盛果期，1 年生枝长度 30cm 左右为中等长势，50cm 以上为强长势，20cm 以下为弱长势。

② 春秋梢。旺枝春梢比秋梢长，壮枝春梢出现，秋梢极短或没有，弱枝仅有春梢。

③ 生长。壮枝生长粗壮，弱枝生长细短。

④ 枝粗。绝大多数当年生枝粗壮，枝基部粗度和端部相似，说明贮存养分多，枝势壮；反之枝细弱或过长，枝条基部粗而端部细，梢端有茸毛，则贮存养分少，枝细弱。

⑤ 枝色。壮树枝条色深，有光泽；弱树枝色浅，暗淡无光泽。

⑥ 枝条硬度。同一品种树中，同等粗度和部位的枝，枝硬者树势强壮，枝软者树势较弱。因为壮枝贮存养分多，枝条髓部小而紧实。

2. 花芽形成情况

全树花芽适量，花芽量占总芽量的 40％左右，花芽充实者占总花芽量的 50％左右，芽鳞片包得严紧，手捏有紧实感，则树势强健。花芽过多或过少，或大而蓬松，或小而有茸毛，鳞片有光泽，色泽浅，则树势较弱。

3. 叶的生长情况

春天果树发芽后，幼叶展叶早而快，挂色早，很快变为油绿色，长梢基部的叶片和中、短梢叶片大而黑，则树体贮存养分多，树势壮；反之展叶晚而慢，发芽后叶色迟迟不变，又嫩又黄又干燥，长梢基部叶小，短枝叶少而小，则树体贮存养分少，树势弱。

（二）生产大型果的具体措施

要保持树体旺盛生长，应采取综合措施，从地上、地下两方面着手。地下管理重点是促生大量根群，以增强树体的吸收能力；地上管理的重点是节流，减少养分的无效消耗。

1. 促根旺长，增强吸收功能

壮根是果树生产中的长期任务，应从幼树期抓起，通过疏松土壤、培肥地力，促进形成强大根群。在进入盛果期后，重点是保护根系，防止毛根枯死，以维持较强的吸收功能。

2. 适时补肥，增加营养供给

一般在苹果树年生长周期中，在生长前期以营养生长为主，需氮较多，到6月份花芽开始分化，对磷的吸收量急剧增加，到8月份果实膨大生长，则需吸收大量的钾，施肥管理中应适应这种需肥规律。

一般树龄不同，生长侧重点是不同的，所需养分也是不一样的。幼树期施肥应以氮肥为主，进入盛果期后要注意氮、磷、钾肥配施，一般幼树可按2∶2∶1的比例施用氮、磷、钾肥，进入盛果期后氮、磷、钾三者应逐步过渡到1∶0.7∶1的比例。

施肥中最关键的为秋季基肥的施用和6月坐果后追肥的施用。施肥量要按树龄、结果多少而定。一般基肥按每生产100kg果施有机肥200kg、磷酸二氢钾1.5kg、尿素3kg的标准在采果后及时施入。在果实膨大期，追施氮磷钾复合肥，按每生产100kg果施碳酸氢铵2kg、磷酸二氢钾1kg的标准施入。

3. 大面积推广覆盖栽培

覆盖栽培可提高天然降水的利用率，促进树体旺盛生长。

4. 合理修剪，保持壮枝结果

结果变小，主要出现在盛果期，可通过修剪措施的调节，促进果个变大。其主要措施有：

① 降枝量，集中营养供给，减少养分的无效消耗，促进树体旺长。一般在进入盛果期后可将每亩枝量控制在6万～7万条，将多余枝全部疏除。

② 加大老枝的替换力度，保持壮枝结果。进入盛果期后，随着结果年限的延长，结果枝会出现衰老现象，结果能力下降，此时要进行适时更新。由于富士苹果树对修剪反应敏感，传统的回缩更新法不适宜，结果枝的更新主要以替换为主。在结果枝母枝枝龄8～10年、枝出现细弱、结果变小时，要在枝后部近枝轴部位深度刻芽，促生强旺长枝，经一年缓放促花，然后用新枝替换衰老枝。应掌握每年替换1/3左右的老枝，这是盛果期修剪的重点措施之一，如应用到位，则可有效地保持树势健壮，防止弱树的出现。

③ 要及时疏除纤细枝、老化枝，减少养分的无效消耗，改善树体通透性。

④ 加强强旺枝的改造，培养下垂结果枝组，增强结果能力。

⑤ 结果枝量适宜，按照“大型枝轴每 40cm 留 1 个，小型枝轴每 20cm 留 1 个”的标准留枝，疏除多余枝。

5. 限制产量，促使形成饱满花芽

在苹果进入盛果期后，要严格控制产量，一方面可以有效地提高果实品质，另一方面防止过量结果导致树势衰弱。按照立地条件、果树长势、肥水供给能力的不同，将每亩产量控制在 3000～4000kg。限制产量主要通过疏花疏果来完成，通过疏花疏果，保证单果生长所需营养，提高大型果所占比例。

6. 增加树体贮存营养，以利于光合面积的尽早形成，为果实细胞分裂打好基础，促使果实细胞数量增加，为生产大型果创造条件

果实的增大有两个明显的高峰期，在果实生长的前期，果实增大是以细胞数量增加为主的，在果实生长的后期，果实增大是以细胞体积增大为主的。而果实细胞数量的多少与树体贮存营养息息相关，一般树体贮存营养多，则分裂细胞数量多，果实能长大，反之则不利于果实膨大。因而增加树体贮存营养是生产大型果的关键措施之一。应从树上及树下两方面着手：

（1）树上管理　通过秋季控制使树体适期停长、保证叶片完好、延长叶片生长时间、提高叶的同化能力等方法，提高树体制造光合产物的能力。

① 在 9 月份对未停长的新梢应及时摘心，限制树体生长，促进光合产物积累量的增加。

② 加强病虫害防治，保证叶片完整。应加强对早期落叶病、炭疽病、白粉病、蚜虫、舟形毛虫、红蜘蛛、蝉类的综合防治，可用 70％甲基托布津 800 倍液＋25％灭幼脲 1500 倍液防治。

③ 叶面喷施 0.5％的尿素 2～3 次，延长功能叶的生长时间，增加叶片中叶绿素的含量，增强生长后期光合作用，增加光合产物的积累。

④ 严格控制摘叶量。为了促进果实着色，多采用摘叶的方法以改善果实受光程度。在应用此项技术时，应严格控制摘叶量，一般摘叶量应控制在总叶量的 10％～20％。

⑤ 对生长较直立的树冠，可通过拉枝撑枝等手法开角，增加树冠内膛的果实着色程度，提高树体整体光合作用的能力。

（2）树下管理　通过施肥浇水保证物质供应，提高树体吸收营养的能力。

① 早施基肥。早施基肥，树体叶片量多，蒸腾作用强，根系活动旺盛，有利于提高肥料吸收利用率。

② 保证良好的墒情。土壤水分充足，可延长树体的生长时间，促进树体内养分的转移，因而在墒情差时，应注意浇水。

③ 延迟修剪。树体贮存的营养要通过叶片送到小枝，再送到大枝、根系贮存，这个过程是缓慢的，一般在12月底至1月初完成，因而修剪要在1～2月进行，防止修剪过早造成树体养分损失。

七、优化着色

果实着色状况是苹果品质的一个重要方面。

1. 影响苹果果实着色的因素

（1）品种　品种不同，果实着色状况差异较大。像富士系中条红富士较普通富士着色好，片红富士较条红富士着色好。秦冠系中粉红秦冠、全红秦冠较普通秦冠着色好。因而选择着色好的品种种植不但可简化管理程序，减少劳动用工，而且有益于大幅提高经济效益。

（2）栽培环境　栽培环境中对着色影响较大的因素主要有海拔高度、光照及夏秋季温度。一般随海拔的升高，气温年变幅缩小，果实糖分高，着色好。苹果树为喜光果树，若光照充足，树体发育健壮，同化产物多，有利于着色。夏秋季白天温度高，夜温低，昼夜温差大，果实含糖量高，着色好。

（3）栽培密度　栽培密度过大，果园郁闭，光照不良，不仅影响光合效能，也影响红色素的合成，造成果实着色差。

（4）肥料的影响　在供给苹果正常生长发育的多种营养元素中，对着色影响较大的主要有氮、磷、钾、铁等元素。氮素过多时，易引起枝条徒长，导致果实贪青，着色差；磷是树体生长和光合作用必需的元素，在碳水化合物运输中起重要作用，缺磷时，叶片小而窄，果小、色暗淡、无光泽；钾与新陈代谢中碳水化合物、蛋白质的合成均有密切关系，增施钾肥，可提高果实含糖量，对增进着色十分有益；铁与叶绿素形成有密切关系，缺铁时，近顶梢叶片变黄，有些有焦边，并逐渐开始落叶，影响树势，导致果实色泽不佳。

（5）根系生长的影响　苹果的主要吸收根——毛细根分布比较浅，生长最活跃，对温差、湿度最敏感，干旱、高温、低温极易导致毛细根枯死，影响植株吸收养分及合成细胞分裂素的能力，不利于果实着色。

（6）采收时期　果实着色与果实中糖分的积累密切相关，只有糖分积累到一定数量后，果皮细胞含有的红色素才会出现。而糖分积累与果实生长时间有极大的关系，是随着果实生长时间的延长而增加的，早采则糖分积累不足，着色不佳。

（7）栽培措施　套袋栽培是目前生产中提高苹果品质的有效措施之一。果实套袋后，加速了果实叶绿素降解的进程，果实中叶绿素含量明显偏少，在脱袋后，果实能够很快着色。

2. 促进苹果着色的主要措施

我国苹果产区群众在长期的生产中，在促进苹果着色方面积累了丰富的经验，对于提高果实品质十分有益。现将主要措施总结如下，供交流：

（1）选择易着色的品种，为果实着色打好基础　品种对果实着色至关重要。

根据静宁果区的栽植表现，富士系中着色好的有岩富十号、宫崎短富、烟富系列、寿红富士、红将军等。

（2）适地栽培　总体上，山区产的苹果比川区产的着色好。

（3）合理密植　栽植密度过大，果园郁闭，果实着色不良。在大范围内，我国苹果栽培密度已由54株/亩降到了33株/亩左右，果园的通透性得到了有效改善，所产果实着色状况大为改观。

（4）配方施肥　在我国苹果产区，近年来苹果生产中复混肥、复合肥的大量施用，使施肥状况明显好转，减少了单施氮素肥料导致着色不良的现象。特别是有机、无机复混肥及生物菌肥的大量应用，使苹果果实的光泽、色度明显提高。

（5）推广覆盖栽培，稳定根系生长环境，促进果实着色　我国群众在长期的生产实践中，创造了以覆盖为主的保墒措施，通过在地面上覆盖一层砂石、杂草或地膜，对根系进行保护，促进形成强大的吸收根群，增强树体吸收养分的能力，对果实着色非常有利。

（6）适期采收　早采不但直接影响产量，更重要的是导致品质下降，着色不良，含糖量下降。一般10月中下旬采收的晚熟红富士果实比9月上旬采收的果实色泽会更鲜艳，品质会更高。生产中早采现象应避免。

（7）套袋栽培　套袋果果面细嫩、光洁、色泽鲜艳，农药残留量少，食用更安全，会在今后相当长的时间内占据主导地位。

套袋果在摘袋后配套措施要跟上，以促进果实着色。主要配套措施有：在摘袋后，先摘除贴果叶、遮光叶，3～4天后将果实阴面转向阳面，利于着色，增加着色面积；地面铺设银色地膜（图3-20），改善冠内、冠下部光照条件，增加下垂果的着色面积。

八、生产高桩果

果形高桩是高品质苹果的主要特征之一，生产中由于受多种因素的制约，所产果实中高桩果所占比例较低。根据生产实践，以下措施可提高高桩果的比例，改善果实品质。

图 3-20 地面铺设银色地膜促进果实着色（见彩图）

1. 选择果实高桩品种栽培

品种不同，果形指数差异较大。目前生产中主栽品系，像富士系中烟富 3 号、寿红富士、2001 富士比普通富士、长富 2 号高桩明显；元帅系中首红、超红、银红、奎红比红星高桩，因而选择果实高桩品种栽培是生产高桩果的基础。

2. 适地栽植

栽培地的环境对果形影响较大，特别是海拔和夏秋季温度与果形关系密切。在相同条件下，一般高海拔地区生产的果实较低海拔地区的果形高桩；花后半月，若温度低，果形高桩，若温度高，则果实偏扁，因而在不受冻害的前提下，应尽量选择冷凉地区种植，以提高果形指数。

3. 结果部位不同，果形指数是不一样的

大量生产实践证明，下垂枝所结果，果形端正，果形指数高，水平枝所结果次之，直立枝所结果多偏扁。因而培育下垂枝结果，是提高果形指数的有效措施之一。

4. 花果管理措施影响果形

一般授粉不良，花序留果过多、过近，均影响果形指数。目前苹果生产中栽培品种单一，授粉受精不良，导致果实内种子量少，分布不均，形成空心果，导致果实偏斜；花序留果量多，使果形指数下降；边花所结果不及中心花所结果高桩。因而生产中应强化授粉受精管理，每个花序留单果，注意选留中心花所结果，以提高果形指数，生产高桩果。

5. 肥水管理对果形指数有较大的影响

一般花后两周，幼果横径的生长量大于纵径的生长量，果形指数迅速下降，从5月下旬至6月上旬，先后出现果形指数小于1.0的现象，但从7月中旬起，各期纵横径增长值则不规律。因此，在生产中应通过加强肥水管理来人为干预果形指数的变化，生产高桩果。主要措施有：

① 幼果期浇水，降低环境温度，抑制果形指数下降。

② 加强果实膨大期的肥水供给，促进果肉细胞体积增大，拉长果形。

③ 早施基肥，增加树体营养积累，提高来年果实受精率，促进幼果发育，多生产高桩果。

6. 应用外源激素，拉长果形

应用适当的植物生长调节剂，可调节果实的生长发育，花期及幼果期增加外源细胞激动素和赤霉素及其复配制剂，可有效地促进果形指数的提高。

九、提高果面的光洁度

现代苹果生产中，果实品质是生产效益的主要决定因素之一，而果面光洁度是衡量品质好坏的一个重要方面。

1. 果面光洁度不高的原因

根据生产调查，导致苹果果面光洁度不高的原因有：

（1）环境因素　苹果果皮娇嫩，对不良环境的抵抗能力差，废气、烟尘、强光、过高或过低的温湿度、大风等因素，会导致果实表面出现黑褐色污垢、裂果、锈斑、日灼伤害等现象，使果面变得粗糙难看。

（2）投入品的质量　果园投入品的质量对果面光洁度影响最直接，果袋、农药、肥料、生长调节剂等都会影响果品的质量。一般劣质纸袋易导致果实褪绿不均衡，红黑点病大流行；使用质量差的农药易在果面出现锈斑、裂纹；使用未腐熟的有机肥，易出现氨气污染，导致果面出现果锈、黑点的果数增加。

（3）操作措施　套袋太迟或过早、摘袋方法不当、摘叶转果等管理不规范均易导致果面出现擦创伤，出现斑疤。农药使用次数多、浓度高或在套袋前、摘袋后使用刺激性农药，极易造成果面出现黑斑、皱皮等现象。肥料使用过量，也会影响果面的光洁度。

（4）病虫危害　病虫危害是造成果面污染的重要原因之一。

2. 提高果面光洁度的措施

（1）适地建园　在建园时，要充分考虑环境因素的影响，选址时应尽可能地远离工厂、矿山、公路等，防止废气、烟尘污染果面；在低纬度地区种植苹果时，应选择在高海拔地区种植，减轻高温危害，在高纬度地区种植苹果时则应选择在低海拔地区栽植，减轻低温的危害；在降水量少的干旱地区种植苹果时，可选择阴坡栽植，阴坡水分蒸发量少，土壤水分含量相对充足；建园时要避开风口。优良的环境是生产优质苹果的必备条件，马虎不得。

（2）实行套袋栽培　果实套袋极有利于促进果面光洁度的提高，在生产中应大力推广普及。在套袋栽培时，应注意选择双层高质量纸袋，要求纸袋大小适宜，外袋柔软，具有良好的防水性、遮光性和透气性，内袋涂蜡均匀，隔水性好，不褪色，内、外袋分离，粘胶严密，纵切口和透气孔完好，袋口扎丝牢固。在花后40～50天幼果茸毛脱落后套袋，套袋前要认真防治病虫，给果实补钙，套袋时要避免纸袋擦伤果面和拉掉幼果，袋口要扎紧，提高保护效果。要注意适时适法除袋，一般易着色的片红富士及黄绿色品种，在采前5～7天摘袋较适宜，着色较难的普通富士及秦冠在采前15～20天摘袋较适宜。摘袋时要避开中午高温期，最好采用二次除袋法，以防止日灼现象的发生，在外袋去后5～7天再除内袋。

（3）使用优质农药、肥料，以提高果面光洁度　生产中要避免施用未腐熟的有机肥，施用铵态氮肥后要及时浇水，防止产生氨气，刺激果面。施肥作业应向肥水一体化方向转变，增施硝态氮肥，多施用水溶肥，在套袋前不要施尿素等肥料，花后喷肥应以氨基酸肥等优质叶面肥为主，在8月份追施纳米钾肥；在套袋前要避免应用代森锰锌、辛硫磷、铜制剂等对果面刺激性强的药物，幼果期防治病虫应重点以多抗霉素、农抗120、菌毒清、大生、仙生、甲基硫菌灵、灭幼脲、阿维菌素、吡虫啉、啶虫脒等药物为主。

（4）注意田间操作方法，减少对果面的人为损伤　套袋作业时，要适当晚套袋，一般应在幼果已通过对环境的敏感期，即茸毛脱落后到生理落果期过后套袋。这时候套袋对果面损伤轻，有利于避免果锈的发生，降低康氏粉蚧的危害。套袋时要将袋口充分撑开，使袋膨起，套时要防止袋口擦伤果面；除袋时应坚持二次除袋法，除袋应在阴天或晴天早、晚进行，要防止高温期除袋，以避免日灼现象的发生，除袋后如遇高温天气，应采用布或遮阳网遮阴，减轻日灼危害；除袋后要及时摘除贴果叶及果实附近的遮光叶、易与果实接触的叶片，减少叶片对果实的摩擦。田间喷用农药时，浓度不要太大，防止药害。喷药时要求喷头向上，从上到下、由内向外均匀喷药，喷头或喷枪离果面间距适宜，防止距离太近对果面造成强刺激，出现坏死斑。推广覆盖栽培，保持田间水分均衡供给，防止土壤水分剧烈变化，引起裂果和果面微裂现象的出现。施肥以有机肥为主，少施化学性肥料，控制氮肥的施用，减少裂果的产生。

（5）加强康氏粉蚧、果锈病、煤污病等病虫害的防治，提高果面光洁度　在生产中要采取综合措施，控制病虫危害，尤其对康氏粉蚧、果锈病 、煤污病的防治应高度关注，严防其对果面造成伤害。

（6）保持通透性良好　保持果园整体及树体通透性良好，可提高果实的抗性，减轻果面危害。

十、提高果实可溶性固形物含量

近年来，苹果果实品质下降问题十分突出，特别是可溶性固形物含量下降，导致果实风味变淡，这种现象随着栽培时间的延长，会越来越明显。分析其原因主要是有机肥补充不足，土壤有机质含量下降，因而生产中对有机肥的施用应高度重视。

可是在我国苹果重点产区，养殖业发展严重滞后，有机肥源短缺是苹果生产区存在的普遍问题。根据实践，采用以下措施可提高土壤有机质含量，改善果实品质：

1. 大力发展“果沼畜”生态发展模式

在苹果产业发展中大力推进“果沼畜”配套工程，为苹果生产提供绿色肥源，是提高土壤有机质含量最先进实用的方法。通过畜肥进沼气池发酵，沼渣、沼液为果树提供肥料，减少果品生产中农药、化肥等物质的施用量，提高果品生产中有机果品所占的比例，生产高品质果品。

2. 推广有机物覆盖栽培

在有机肥源紧缺的情况下，在果园进行有机物覆盖栽培是提高土壤有机质含量很有效的方法。作物秸秆、杂草、粉碎的苹果枝干含有丰富的有机质，在果园中用其进行覆盖栽培，腐烂后可大幅度地提高土壤有机质含量，有条件的果园应大力推广这项技术。特别在果园发展新区及半农半果生产地区，由于有草源，对这项措施应高度重视，通过连续多年的覆盖，将土壤有机质含量逐步提高到3%以上，为精品苹果的生产创造条件。

3. 有条件的果园实行生草栽培

生草栽培（图3-21）也是提高土壤有机质含量的有效方法之一。通过在果园行间内间种浅根性、低矮、与果树需肥需水高峰期相错开的草，在生长季多次刈割覆盖树盘，经风吹日晒雨淋，草腐烂后可增加土壤有机质含量。这在水源充足、土壤肥沃的地区是完全可行的。

4. 普及落叶还田

我国北方冬春季风大，土壤水分蒸发散失严重，土壤缺墒，苹果的正常生长结果会受到影响。冬春季土壤用落叶覆盖，可有效地抑制土壤水分的蒸发损失，提高土壤水分的利用率。同时埋入土壤里的落叶腐烂后，可有效地增加土

图 3-21 果园生草栽培（见彩图）

壤有机质含量，培肥地力，改善根际生长环境，促进苹果产量、质量和效益的提高。落叶还田对进行精品苹果生产是十分有益的。

根据测算，一般盛果期果园，每亩可产生 250～300kg（干重）落叶，在冬季 11 月份落叶后覆盖果园，第二年 3 月份土壤消冻后填埋还田，覆盖期长达 4 个月。据测定，覆盖田可提高土壤含水量 8%左右，落叶还田后至 10 月腐烂，每千克土壤有机质可增加 1.665g。

十一、适期采收

红富士苹果早采现象已成为制约生产效益提高的最主要因素之一。

1. 苹果早采现象的原因

红富士苹果生产中之所以会出现早采现象，主要原因有：

① 我国苹果栽培品种组成不当，成为引发红富士苹果早采的主要原因之一。早、中熟苹果成熟期外界气温高，因而早、中熟品种贮藏性差，一般在自然条件下果品极易发绵，货架期短，这就决定了各产区在发展早、中熟品种时都较慎重，很少有规模化发展，导致了在供给上出现早熟品种短缺、中熟品种严重不足、晚熟品种相对过剩的局面。这样的品种组成，决定了早、中期供市只能采摘红富士。

② 红富士苹果早采对苹果生产者有一定益处，决定了早采现象得以普遍存在。红富士苹果早采对苹果生产者而言，有两方面的好处：一是有利于提高果实外观品质；二是可有效增加树体营养积累，减少生产投资。因而生产中很难杜绝。一般红富士苹果自然成熟期在我国甘肃省多在 10 月下旬，摘袋后，由于温度低，上色慢，着色多不理想。而如果早采，在 9 月下旬摘袋，由于温度高，上色快，着色好，对于果品外观品质的改善是明显的。同时早采后，树

体休养期延长，养分消耗减少，积累养分相对增加，有利于形成饱满花芽，对来年的结果是很有益的。

③ 市场不够成熟，苹果售价起伏不定，果农有盲从现象，导致在苹果销售中出现了“有买的就有卖的”现象，红富士苹果早采现象得以大范围存在。

2. 苹果早采的危害

红富士苹果早采对苹果生产效益的提高是非常不利的，对产业的健康发展危害是明显的，主要表现在：

① 不利于产区品牌的保护和产业整体的健康发展。在苹果产业发展中，各苹果产区均创立了相应的品牌，而品牌的基础是果品质量，早采使果品质量大打折扣，久而久之便会动摇品牌的基础，使得品牌效应弱化，乃至淡出消费者视线。

② 对生产者个人而言，早采的危害主要来自三个方面：

a. 早采导致减产。苹果果实在生长过程中有两个明显的膨大高峰期，一是坐果后以细胞数量增加为主的膨大期，二是成熟前一个月以细胞体积增大为主的膨大期。早采导致细胞体积膨大不充分，果个增大受限，产量减少。

b. 降低品质。红富士苹果早采对品质最突出的影响表现在两个方面：一方面，在外观上果个大小受到限制；另一方面，由于早采导致果实生长时间缩短，不利于物质积累，果实中可溶性固形物含量大幅下降，风味变淡，品质降低。

c. 影响生产效益的提高。早采导致产量减少，品质降低，最终导致生产效益下降。

3. 预防早采的措施

① 加大品种组成调整力度，适当扩大早、中熟品种种植规模，满足国庆节前的市场需要，这是克服红富士苹果早采的根本措施。随着栽培措施的完善和新优品种的不断引进，国庆节前后成熟的苹果品种已趋配套。另外目前冷藏业的快速发展，使中熟苹果的货架期得以有效延长，中熟苹果发展已无后顾之忧，可放心大胆地发展。

② 树立品牌保护意识，自觉抵制早采现象。要对早采的危害性广为宣传，让果农明白，保护品牌即是保护自身利益，增强果农的自觉性。

第十节　绿色生产，提高果品的食用安全性

果品的食用安全性是精品苹果生产的重要指标之一。随着人民生活水平的

提高，我国苹果消费由数量型向质量型转变，食品安全性成为消费者关注的焦点之一。国家先后提出无公害、绿色、有机生产标准，以有效降低果品中有害物质的含量，切实保护消费者的利益。

有害生物危害是苹果生产中的主要制约因素，科学合理地管控有害生物，是苹果优质高效安全生产的根本保障。由于危害苹果的有害生物具有多样性、长期性，因此有害生物管控的理念、目标，生产中使用的管控措施与时俱进，也在不断发生着变化。生产中必须适应这种变化，以变应变，才能保障生产果品的安全性，保证产业高效运行。

一、我国苹果生产中有害生物防控方面的变化

随着社会的发展，科技的进步，在我国苹果生产中，有害生物防控方面发生了巨大变化。概括而言，其主要变化表现在：

1. 苹果绿色生产观念深入人心

自从 20 世纪 90 年代，我国苹果生产自给有余以来，以产量为主的时代已成为过去，质量和效益受到空前重视，苹果的食用安全性成为主要生产指标。国家大力倡导进行绿色无公害生产，通过基地创建、示范点的建设，引领苹果产业发展新方向，促进生产观念转变。经过二十多年的努力，绿色无公害苹果生产的观念已深入人心，各苹果产区主打有机品牌以提高产区竞争能力，有效地促进了有机苹果生产在我国的普及。

2. 从源头治理，生产中禁用高毒高残留农药，低毒低残留农药推广进程加快

我国是苹果生产大国，苹果生产中病虫害种类多，每年防治病虫害所用的农药数量巨大。进入 21 世纪，国家加快了农药生产的产能升级，关停并转了许多高毒高残留农药生产厂家，促进农药生产向生物农药和矿物质农药转型，多次明文规定生产中禁用高毒高残留农药，实行高毒高残留农药限期退出机制，从源头上杜绝高毒高残留农药的生产，有效地控制了农药污染。

3. 构建多层次的防御体系，综合防治能力得到有效提升

随着栽培措施的不断改进和完善，农业措施、物理措施、生物措施对病虫害的防控效果越来越明显，并已成为有害生物防控的重要途径。生产中以改善果园生态环境、加强栽培管理为基础，优先选用农业和生态调控措施，注意保护天敌，充分利用天敌自然控制，大量应用物理措施控制有害生物，化学农药的使用量得到有效控制。像薄膜覆盖和果实套袋措施的综合应用，基本上将食心虫的危害消除。食蚜蝇、捕食螨的释放，使得蚜虫和螨类的控制效果得到极大提升，蚜虫和螨类的危害明显减轻。黑光灯、频振灯在果园中应用后，大量

蛾类害虫被诱杀，性诱剂应用后害虫的交配被严重干扰，粘虫板、诱虫带的应用使得不少害虫被控制，失去行动能力，对苹果生产的危害大大降低。以上措施均有效地提高了对有害生物的防控效果。

4. 苹果生产中农药施用的机械化进程加快，有效地提高了防治效果

随着我国综合国力的提升，机械工业的快速发展，植物保护机械更新换代加快，由原始的手动喷雾器到机载喷雾器、电动喷雾器的转变，再到近年来履带自走式果园专用喷雾机的出现，最新低空低量遥控无人施药机的使用，使苹果生产中病虫害的防治效率大幅提升，使得施药更安全、高效、精准，群防群治的预期目标得以很好地实现。

5. 危害苹果生产的优势病虫发生了很大变化

近年来，由于大量野生砧木资源的减少，在苹果苗木培育中苹果籽的用量越来越大，这一现象直接导致了腐烂病在我国的暴发流行；生产中化肥的大量施用引发的土壤养分失衡现象越来越明显，一些地方锰中毒引发的粗皮病呈现越来越严重的发展趋势；果实套袋在很好地控制了食心虫危害的同时，为康氏粉蚧的繁殖营造了理想环境，康氏粉蚧呈现泛滥发展态势等，这种种变化，给苹果生产中病虫害防治提出了新命题。

6. 检疫性病虫害呈现快速扩散态势，对苹果生产的危害加重，苹果有害生物防控的形势日益严峻

随着苹果产业的快速发展，苹果苗木和果品的流通范围扩大，流动更频繁，为检疫性病虫害的扩散创造了条件，特别是苹果绵蚜和苹果蠹蛾危害范围扩大，对我国苹果生产的潜在危害进一步加大，防控形势迫在眉睫。

7. 农药的科技含量提高，特效农药层出不穷，对病虫害的控制效果明显增强

随着科学研究的不断深入，农药产业的快速发展，各种复配制剂农药的应用，极大地提高了病虫害防治效果。像生产中广泛使用的愈合剂，即在杀菌剂物质中加入胶体物质，在涂抹后能快速地在伤口形成一层膜，既可有效地杀灭剪锯口周围的病菌，防止伤口感染，又可有效地阻止病菌的进入，防止伤口风干，对伤口的保护作用明显。各种特效农药的使用，使得对病虫害的控制效果越来越明显。像在防治腐烂病时用500倍80%戊唑醇涂抹病斑，具有愈合快、复发率低的特点。像苦参碱是由中药经乙醇等有机溶剂萃取制成的生物碱，使用后可使害虫神经麻痹，蛋白质凝固堵塞气孔窒息而死；白僵菌杀虫剂是一种真菌杀虫剂，其孢子接触害虫产生芽管，经皮侵入害虫体内长成菌丝，并不断繁殖，使害虫新陈代谢紊乱而死亡；苏云金杆菌能产生内毒素与外毒素，杀虫以胃毒作用为主，内毒素即伴孢晶体，害虫吞食进入消化道产生败血症而死亡；阿维菌素属于神经毒剂，使用后可使害虫麻痹中毒而死亡；茚虫威通过干扰钠离子通道，阻止钠离子流入神经细胞，导致害虫麻痹而死亡。

8. 苹果生产中使用农药明朗化

根据多年的生产实践及行业形势的发展，我国苹果生产中有害生物防控目前定位以使用生物源农药、矿物质源农药和有机合成农药为主，提倡应用低毒、低残留农药，有限制地使用中毒农药，禁止使用剧毒、高毒、高残留农药。其中苹果园中允许使用的农药主要包括：1%阿维菌素乳油、0.3%苦参碱水剂、10%吡虫啉可湿性粉剂、25%灭幼脲3号悬浮剂、50%辛脲乳油、50%蛾螨灵乳油、20%杀蛉脲悬浮剂、50%马拉硫磷乳油、50%辛硫磷乳油、5%尼索朗乳油、20%螨死净胶悬剂、15%哒螨灵乳油、40%蚜灭多乳油、100亿孢子/克苏云金杆菌可湿性粉剂、10%烟碱乳油、25%扑虱灵可湿性粉剂等杀虫杀螨剂及5%菌毒清水剂、腐必清原液乳剂（涂剂）、2%农抗120水剂、80%喷克可湿性粉剂、80%大生M-45可湿性粉剂、70%甲基托布津可湿性粉剂、50%多菌灵可湿性粉剂、40%福星乳油、1%中生菌素水剂、27%铜高悬浮剂、（1：2：100）石灰倍量式或多量式波尔多液、50%扑海因可湿性粉剂、10%硫酸铜、15%粉锈宁乳油、50%硫胶悬剂、45%晶体石硫合剂、843康复剂、68.5%多氧霉素、75%百菌清等杀菌剂。苹果生产中限制使用的主要包括毒性中等、对天敌杀伤力大的有机磷类杀虫剂（乐果、敌敌畏、敌百虫、抗蚜威、乐斯本、杀螟硫磷等）及对天敌杀伤力大且易产生耐药性的菊酯类杀虫剂（功夫、灭扫利、敌杀死、杀灭菊酯、氯氰菊酯、退菌特等）。苹果生产中禁止使用的包括甲拌磷、乙拌磷、久效磷、对硫磷、甲胺磷、甲基对硫磷、甲基异柳磷、氧化乐果、磷胺、克百威、涕灭威、杀虫脒、三氯杀螨醇、克螨特、滴滴涕、六六六、林丹、氟化钠、氟酰胺、福美砷及其他砷制剂等。苹果生产中对使用农药的适应性的划分，可促使有害生物防控朝着简便化方向发展，并可极大地克服防治时的盲目用药，对提高防治效果有很好的促进作用。

二、苹果绿色无公害生产中有害生物的防控

进行苹果绿色无公害生产是近年来苹果生产中发生的重大变化之一，也是苹果生产发展的重要趋势，是破解绿色壁垒、发展外向型果业的重要措施之一，也是提高食品安全性、进行精品化生产的关键环节，在生产中越来越受到重视。现就苹果绿色无公害生产中有害生物防控的现状、存在的问题作简单分析，并提出相应的对策，供交流。

1. 苹果绿色无公害生产中有害生物防控的现状

（1）苹果生产中的优势有害生物　根据对我国苹果生产现状的调查，在我

国苹果生产中，近年来介壳虫春季呈暴发性发生态势，螨类和蚜虫是最主要的害虫；苹果绵蚜、美国白蛾作为新生害虫，危害范围在不断扩大，潜在危害性强，对苹果产业威胁加大；早期落叶病、轮纹病的发生与气候关系密切，降雨早而雨量多有利于该病的发生与蔓延；介壳虫、苹果绵蚜引发的霉污病呈现偏重发生的态势。上述病虫成为我国苹果生产中的有害生物的优势种群，也是防控的重点。

（2）有害生物控制中的成功做法及成效　近年来随着绿色无公害生产技术的普及推广，西北地区在有害生物控制方面进行了多方探索，已取得比较理想的效果，主要做法如下：

通过增施有机肥，复壮树势，提高树体的抗性，对多种病虫害的发生、发展起到明显的抑制作用，特别是腐烂病的发生得到有效控制，早期落叶病的危害明显减轻。

以清园和秋季耕翻为主要管理措施的落实，使病虫越冬数量大大减少，为全年的防治打好基础。

以套袋为主的管理措施的推广应用，使果实得到有效保护，食心虫、炭疽病、轮纹病对果实的危害大大减轻，果实品质大幅度提高。

以覆膜为主的栽培措施的落实，使土壤中的越冬害虫的出土量明显减少。

阿维菌素等的大面积推广应用，使得螨类危害有所降低。

随着国家能源项目的实施，沼气建设的快速发展，沼液在苹果生产中的应用量和应用范围在逐渐增加，对蚜虫、螨类等害虫的杀灭效果在增强。

2. 苹果绿色无公害生产中有害生物防控方面存在的问题

（1）对绿色无公害果品生产的重要性认识不足、果品绿色无公害化程度低　由于多年来我国苹果以内销为主，绿色无公害果品的优势没有得到充分体现，生产中没有得到充分重视，绿色无公害果品生产范围有限，绿色无公害化生产程度低。这已经成为制约我国苹果生产发展的主要因素之一，使我国苹果出口严重受限。

（2）对绿色无公害果品生产的新技术了解和掌握不全面、不细致，其应用受到限制　由于我国绿色无公害生产推行时间短，许多新技术没有得到普及，基层推广工作者及广大果农对细节掌握不够全面，像性诱剂的使用，糖醋液、黑光灯、粘虫板等的应用十分有限，这样就影响了防控效果。

（3）测报工作滞后，防治的盲目性大　病虫害测报工作是有效控制有害生物的前提，现状是测报网络不健全，果农防治病虫害多凭借经验，防控药物不是喷施早，就是用得迟，大大影响了防治效果。

（4）进行绿色无公害果品生产，生产成本增加，限制了大面积推广绿色无公害生产的一个重要标志是化肥、农药、激素用量大幅度减少，它们的功能要采用多种措施补充。像化肥用量减少要通过增加有机肥的用量来补充，农药用量的减少要通过农业、物理、生物等多项措施补充，激素用量的减少使田间农业用工量成倍增加，这种种因素导致生产成本增加。而果业是国家投资的弱项，群众也不愿投资，限制了绿色无公害生产的大面积推广。

(5) 绿色无公害果品生产，受多种因素制约，其持续性具有不稳定性　绿色无公害果品生产是一项长期工程，要经过数年甚至数十年坚持不懈的努力，才会显现出优势。但由于人为因素或自然灾害的影响，往往不能坚持。

3. 加快绿色无公害苹果生产的对策

(1) 提高对发展绿色无公害苹果生产的认识　绿色、安全、营养是苹果生产发展的总趋势，另外，就我国苹果生产现状而言，国内市场已高度饱和，外向型销售是苹果生产发展的必由之路。而苹果要外销有两个硬指标：一是品质要过关；二是食品要安全。只有生产出精品果，才能进入国内外高端市场，提高苹果生产的效益。生产中应把绿色无公害苹果的生产作为精品果生产的突破口，着力抓好。

(2) 制定详细的操作规程，加快绿色无公害苹果生产技术的普及　各地应结合本地实际，突出重点，制定详细的操作规程，特别是性诱剂、黑光灯、糖醋液、粘虫板、粘虫带等新技术的使用方法要翔实，以提高其实用性，使广大果农一看就会，一用就灵，以便迅速普及绿色无公害苹果生产技术，加快绿色无公害苹果生产的发展。

(3) 示范先行，典型带动，强化绿色无公害苹果生产措施的落实　绿色无公害生产中应选择基础好、认识水平高、接受新事物快的果农，进行试验示范，树立典型，通过典型户、典型村社、典型乡镇的生产，使生产基地逐步形成，通过果品产量、质量、效益的对比，引导果品生产及时向绿色无公害方向转型。

(4) 全力抓好市场建设，提高商品化程度，充分发挥市场导向作用　市场经济时代，苹果产业的发展要顺应市场销售规律，只有适销对路，产得出、销得快、售价好，才能调动广大种植者的务作积极性，加快绿色无公害生产的进程。因而要全力抓好市场建设，确定目标市场，采取多种措施实现优质优价销售，提高产业整体效益，充分发挥绿色无公害生产的优越性。

(5) 适期科学用药，提高控制效果　在综合抓好上述农业、生物、物理控制措施的同时，应重点抓好关键时期的用药，切实控制病虫害。

三、苹果树生产中农药使用存在的问题及安全使用常识

（一）苹果树生产中农药使用存在的问题

农药安全使用是果树安全生产的重要保障，非正确的农药应用已成为果树生产不容忽视的问题。在我国果产区，每年都会发生多起药害事件，对果树的正常生长结果造成了严重影响，给果农造成了很大的经济损失。造成药害的原因主要有以下几种：

1. 使用不合格农药

目前农药市场有的经销商受利益驱使经营“三证”不全产品，导致坑农害农事件时有发生；果农农药知识欠缺，无法辨认农药真伪，使用不合格农药后，给自己造成很大损失。

2. 农药的非正确使用

这在生产中相当普遍，主要表现在以下几个方面：

① 防治对象不明确，农药特性不清楚，随意用药。目前在苹果生产中，很多果农在病虫害防治中不能按照自己果园的病虫害实际情况喷用农药，将农药选用的权利全部交给农药经销商。一进农药店，店主说了算，杀菌的、杀虫的、杀螨的、补肥的、补钙的全上，有相当多农药经销商对农药特性也不太了解，胡乱配方。结果是果农花了钱，富了农药店，药害常出现，病虫踪可见。

② 不能适时用药，影响防治效果。许多果农不能按照防治指标打药，不能在防治的临界期用药，打“保险药”和“安全药”的现象十分普遍，影响防治效果，增加生产成本。

③ 用药时对天气状况考虑较少，导致浓度不适，出现药害或影响防效。严格地说，天气状况不同，农药的应用浓度不同，一般农药说明书上均有一个浓度范围，像稀释800～1000倍。在低温天气，可用高浓度药液喷；在高温天气，则应加大稀释倍数，用较低浓度药液喷才比较安全。对此，生产中多有忽视，高温天气喷用高浓度农药是出现药害的重要原因之一。另外对天气预报注意不够，导致喷药后遇降雨，影响防效，增加生产成本，这也是生产中较常见的现象之一。

④ 配比过大。果农在农药的应用中随意扩大配比，这是出现药害的主要原因之一。另外，多种农药叠加混用，导致农药用量较大，配比普遍偏高，极易出现药害。

⑤ 农药长期使用，病虫抗性增加，严重影响防治效果。

⑥ 药剂使用间隔期不合理，食用安全没有保障。特别是最后一次用药距离采收期较近，导致果实中农药残留量过大的问题十分突出。

⑦ 农药、除草剂混存引发药害。有的果农将未用完的农药、除草剂混存于一处，应用时粗心，误用除草剂，导致果树叶片干枯，树势衰弱，造成不应有的损失。

⑧ 农药之间、药肥之间混用不当，特别是酸性农药与碱性农药或化肥之间的混用，轻者导致药效消失，重者会出现药害。

（二）安全用药常识

广大果农应多掌握农药知识，提高农药应用水平，以确保农药安全应用，促进果业健康发展。根据实践经验，在农药应用时，应注意以下要点：

1. 坚持绿色、无公害生产方向，禁止高毒、高残留农药的施用

果园应用农药应以低毒、低残留、环境污染程度轻的农药为主，应重点推广生物源和矿物源农药。

2. 使用合格农药

正确鉴别农药是合理使用农药的基础。根据生产实际，农药可通过以下方法进行鉴别：

（1）外观形态　通常粉剂农药应为疏松粉末，颜色均匀，无结块。粉剂或可湿性粉剂农药如形成团状或块状，手捏能成团，原来的颜色变化或消失，均可能变质失效。乳油农药应为均相液体，无沉淀或悬浮物。将乳油农药摇匀，静置1h左右，如果出现油水分离、分层、浑浊不清、悬浮絮状或粒状物、沉淀颜色上浅下深等情况，说明该农药失效或可能无效。悬浮剂农药应为流动的悬浮液体，无结块，长期存放可能有少量的分层现象，但摇匀后应能恢复原状。熏蒸用的片剂如呈粉末状，表示已经失效。水剂应为无色液体，无沉淀物和悬浮物，加水稀释后一般也不出现浑浊沉淀。颗粒剂产品应粗细均匀，不会含有许多粉末。

（2）理化检验

① 可湿性粉剂农药可用水测法、搅拌法、加热法进行检查。

a. 水测法。先取约200mL清水，再取1g需检测的农药，将农药轻轻地、均匀地撒在水面上，如果农药粉剂在1min内湿润并能溶于水，说明农药未失效；如果很快发生沉淀，液面呈现半透明状，说明该农药已经失效。

b. 搅拌法。取需检测的农药40～50g，放在玻璃容器内，先加少量水调成糊状，再加150～250mL清水，搅匀，静置10min后观察。未失效的农药溶解性好，药液中悬浮的粉粒细小，而失效的农药粉粒沉淀快且多。

c. 加热法。取需检测的农药 5～10g，放在金属片上加热。如果产生大量白烟，并有浓烈的刺鼻气味，说明药剂良好；反之，则已失效。

② 乳油农药可用振荡法、加热法、稀释法鉴别。

a. 振荡法。农药瓶内出现分层现象，上层为浮油，下层为沉淀，可用力摇动药瓶，使农药均匀。静置 1h，若还有分层，证明农药变质失效；若分层消失，说明没有失效。

b. 加热法。如发现农药有沉淀、分层絮结现象，可把有沉淀的农药连瓶一起放在 50～60℃温水中。经过 1h，若沉淀物慢慢溶解，说明农药没有失效；若沉淀物很难溶解或不溶解，说明该药剂已经失效。

c. 稀释法。取需检测的农药 50mL，放在空玻璃瓶中，加水 150mL，用力振荡后静置 30min。如果药液呈现均匀的乳白色，且上面无浮油，下面无沉淀，说明该药剂良好，否则为失效农药。

③ 水溶性乳油农药。该剂型与水互溶，不形成乳白色。

④ 干悬浮剂农药。该剂型用水稀释后可自发分散，原药以粒径 1～5mm 的微粒于水中形成相对稳定的悬浮液。

（3）从标签及包装外观上识别　一般正品农药外包装，杀虫剂应有一红横道，杀菌剂应有一黑横道，除草剂应有一绿横道。正品农药均应有国家相关部门的批号，一般合格农药均有农药登记证、生产许可证、质量标准或产品标准合格证。凡包装或者附件说明书上三证齐全的为合格农药，可放心大胆使用，缺失者则是有问题的农药，要慎用或不用。

《中华人民共和国农药管理条例》对农药标签有严格的要求，规定农药标签上应注明产品名称、农药登记证号、生产许可证号或生产许可证书以及农药的有效成分含量、重量、产品性能、毒性、用途、使用方法、生产日期、有效期、注意事项和生产企业名称、地址、邮政编码；农药分装的，还应注明分装单位。缺少上述任何一项内容，则应对产品质量提出质疑。

产品包装应完整，不能有破损和泄漏，每个农药产品的包装箱内都应附有产品出厂检验合格证。

3. 确定主要防治对象，使防治工作有的放矢

果园地理位置不同，病虫害发生程度不一，危害轻重不同。要将对生产危害最重、影响较大的病虫害确定为主要防治对象加以防治，而发生轻，对产量、质量、树势影响较小的病虫害可忽略，让自然界通过生态平衡自行调节。这样不但使防治工作目标明确，而且可有效地减少果园生产成本。像食心虫在产卵率达 0.5%～1%的情况下，螨类平均每叶达 7～8 头时，轮纹病叶率在 10%以上时为适宜防治期，小于该值则可减少用药次数、用药量，防止药害的发生，降低生产成本。

4. 详细了解农药防治对象和作用机理

应用农药前，弄清每种农药的防治对象和作用机理，是保证安全用药的重要措施。农药不同，性质各异，既有杀菌、杀虫范围广的广谱性药剂，又有针对某种虫态、菌类的专一性药剂。像硫制剂为广谱性药剂，特别是无机硫制剂虫菌兼治，而杀螨剂中的螨死净有杀卵特效，克螨特不杀卵，表现高度专一。只有清楚地知道每种农药的防治对象后，才可提高防效，避免做无用工。

杀虫剂对害虫的防治主要表现在胃毒、触杀、神经麻痹、干扰、规避等方面。一般对食量大、群体密集的害虫可喷用胃毒剂杀死；对体壁柔嫩、农药易渗入体内的害虫可通过触杀消灭；对体壳坚硬的昆虫可用神经麻痹的方法，阻碍神经传导、切断呼吸链消灭等。

杀菌剂对病害的防治主要表现在三个方面：一是喷用后，防止或减少病菌的侵染，不致成害；二是杀灭已侵染的病菌，保证植株健壮生长；三是喷用后，微生物会分泌一种或几种代谢产物，抑制病菌的继续生长，控制病害的发生。

5. 农药的正确使用是提高防效的关键

（1）按农药使用说明配制　注意农药之间合理混用，以减少用工，提高防效。多种农药混用，还可防止病虫产生耐药性。应注意混用后失效者不能混用，混用后毒性增强者不能混用。应随混随用。一般杀螨剂与杀虫剂可混合使用；内吸剂与触杀剂可混合使用；杀菌剂与杀虫剂可混合使用。杀菌剂中保护性杀菌剂和内吸性杀菌剂之间，杀虫剂中拟除虫菊酯类农药与其他农药之间要注意交替使用，以提高防治效果。像有机合成农药与无机农药或生物农药交替使用，同一类型不同品种的农药交替使用，这样病虫耐药性就会得到有效抑制。要防止酸、碱性农药混用，控制用药种类，避免多种药剂同时应用出现叠加配比过大现象。

（2）生产中应少用或不用病虫已产生耐药性的农药　由于农药的长期使用，病虫对农药产生耐药性，农药杀伤力有限。如蚜虫、螨类对菊酯类农药、乐果、氧化乐果，斑点落叶病菌对甲基托布津、多菌灵、三唑酮等产生了耐药性，喷药后防效甚微或无效。

（3）在防治有效范围内应尽量使用低浓度农药防治　病虫产生耐药性既与农药使用时间有关，又决定于农药的使用浓度。应注意从低浓度开始使用，以延长农药的有效使用时间。

（4）农药喷洒要均匀　喷药不均，一些耐药性强的病虫就会存活下来，一代代繁殖形成较大的耐药种群，使农药防效降低。

（5）应用有效期内的农药，提高防治效果　各种农药均在一定时间范围内有效，随着存储时间的延长，其对病虫的杀伤程度降低直至无效。因而在喷药时要认真看清药品的出厂日期及有效时限，防止应用过期农药，影响防效。

（6）合理选择农药的剂型，提高防效　农药的剂型不同，防效是不一样的。一般农药中，乳油农药的效力高于悬浮剂农药，悬浮剂农药高于可湿性粉剂农药。在同等条件下应优先选用乳油农药，悬浮剂农药作为乳油农药的替换剂型，药效虽次于乳油农药，但显著地高于可湿性粉剂农药。

（7）合理使用石硫合剂和波尔多液等传统农药　石硫合剂和波尔多液是生产中应用时间长、防治效果好的农药。但在使用时应注意：

石硫合剂应随配制随应用，配制后久置不用会降低其药效，在苹果生产中以休眠期应用为主，花期使用不当，会导致落花，在果实着色期使用会导致落果、污染果面；在使用时应严格掌握浓度，一般冬春季气温低，苹果树处于休眠状态，使用浓度可较高，花后气温渐高，苹果树处于旺盛生长期，使用浓度宜低；石硫合剂不可与有机磷农药及其他忌碱性农药混用，否则药效降低或失效；石硫合剂也不宜和碱性的波尔多液混用，二者混用会发生化学反应，降低药效，发生药害，二者使用间隔期应在20天以上。

波尔多液不可与石硫合剂、有机胂杀菌剂、有机硫杀菌剂、有机磷杀菌剂混用。应用于苹果可选用倍量式和多量式配比；由于花后1个月内苹果幼果对铜离子敏感，施用后易产生果锈、裂纹，影响果实外观，因此在幼果期不可施用。

（8）喷药间隔期应适当，防止病虫危害失控　一般杀菌剂的有效期为7天左右，杀虫剂的有效期为15天左右，因而在田间用药时，两次用药的间隔期不可过长，防止因喷药间隔期拉得过长，导致病虫危害失控给生产造成大的损失。

（9）严格掌握最后一次用药时间，确保果品食用的安全性　最后一次用药应在采前20天以上喷用，以保证果实中农药无残留或残留不超标。

（10）注意适期用药，降低成本，提高防效　病虫不同，发生的主要时期各异，要在关键时期用药。像腐烂病，3月下旬至4月份萌芽至开花期及6月底落皮层形成期是腐烂病侵染的两个高峰期，应为防治的关键时期；霉心病、缩果病控制的关键时期在盛花期；轮纹病、炭疽病在落花后10～20天开始侵染，但必须日平均气温在15℃以上，并有10mm以上的降水，才能够完成侵染，如果气温低、空气干燥，则会推迟侵染时间，因而落花后第一场降水后为控制轮纹病、炭疽病喷药的最佳时期；白粉病仅危害枝梢的幼嫩部分，但在上年发生重的果园，应在花前展叶期及时喷药控制；卷叶虫防治的适期则应在花后卷叶时，用糖醋液诱捕到越冬成虫后第4天，成虫的盛末期。

(11) 喷药作业时密切注意天气状况　天气状况直接决定田间优势病虫种类、危害在田间出现的迟早及危害程度的轻重。像花期低温多雨时，极易发生霉心病危害；红蜘蛛随着气温的升高，发育速度加快，一般年份在麦收后，群体数量急剧增加，形成危害高峰期；绵蚜一般在6月份出现危害高峰期，7～8月份天气炎热，多雨高温，田间绵蚜数量急剧减少，到9月份气温又适宜时，绵蚜数量又会逐渐增加等。生产中应根据天气变化情况和病虫害田间发生情况，合理控制喷药间隔期，以提高防控效果。

用药时掌握雨前不用药，确保喷药后24h内不降雨，若喷药后24h内出现降雨，则应重新喷药。在一天中，喷药时要注意避露、避高温，有露天气喷药时应在早晨8点露水干后进行，中午1～3点高温期尽量不要进行田间喷药作业。在一年中，春季到初夏及秋季，喷药浓度可高点，取产品说明书标明的上限浓度喷用，夏季高温季节喷药浓度不宜高，应取产品说明书标明的下限浓度喷用。

(12) 做好除草剂的保管和使用，防止出现除草剂药害　对于生产中用不完的除草剂，要与农药分开放置，防止混杂，出现误喷现象；喷用过除草剂的喷雾器，要认真清洗，确保用药安全。

(13) 苹果花果期用药注意事项　苹果花期和幼果期是对药物的敏感期，应注意科学用药。根据生产实践，在苹果花果期用药时应注意以下事项：

① 要注意选择防治对象，对症用药。从4月中下旬花露红到6月幼果脱毛前，是枝干轮纹病、干腐病、白粉病等病害及螨类、康氏粉蚧、桃小食心虫、金龟子等多种害虫盛发期，在田间应细致观察，以确定防治对象，对症用药，提高防治效果。轮纹病、干腐病用菌毒清，白粉病用粉锈宁，炭疽病用大生M-45、多菌灵、苯菌灵等防治，螨类用克螨灵防治，康氏粉蚧、金龟子等用吡虫啉防治。

② 要适量用药。苹果花期和幼果期是对药物的敏感期，药量控制不当，既有可能因用药量过大造成药害，又有可能会因药量过少而无效。因此，一定要适量用药，以达到理想的防治效果。在花露红时喷石硫合剂，石硫合剂用药量要足，要达到枝条变色，对控制全年的病虫效果较理想。杀虫杀菌剂要严格按说明书施药，在花粉散放时要尽量少用药，防止毒杀蜂类等授粉昆虫，避免用高毒高刺激性农药。

③ 选择性用药，减少副作用。在落花后到6月落果前要选择用药，防止果面被污染，出现锈斑、皱皮、小黑点现象。此期应忌锌肥、铁肥及尿素等叶

面肥，不宜使用有机磷及铜制剂，多选用粉剂或水剂农药，减少对果面的刺激。

④ 及时补钙。钙与果实品质的关系很密切，钙足则果脆，缺钙则易发生苦痘病、皮孔小裂，因而补钙是提高品质的有效措施之一。钙肥主要通过喷叶补充。一般以幼果期喷施为主，应在谢花后开始到 6 月套袋前分 3～4 次喷施，喷施时应以喷果为主。

（14）雨季用药注意事项

① 据天气变化灵活喷药。生产中注意做到刮风天不喷药，下雨天不喷药，高温天不喷药，有雾天不喷药，树上有露水时不喷药，尽量将喷药时间安排在上午 9 时以前和下午 4 时以后无风无雨的良好天气时段。

② 对症用药。7～9 月份是各种病虫暴发危害盛期，也是高温多雨季节，在农药选择上既要与病虫害对症，又要耐雨水冲洗。如世高、易保、波尔多液、甲基硫菌灵、多菌灵、润果等具有速效性好、内吸渗透传导快、耐雨水冲洗的特点，喷药后在 1～2h 内，即使下雨也不影响防治效果。

③ 注意喷药质量。要做到以下几点：

a. 科学稀释农药。应先用少量水将农药稀释成母液，再将配制好的母液倒入准备好的清水中搅拌均匀即可。

b. 配制药液一定要按照农药使用说明的有效浓度范围和最低有效剂量操作，不可粗估、随意增减稀释倍数。

c. 喷药过程要细致，各部位均匀一致，不重喷，不漏喷，确保每一枝干、叶片正反面、树冠内外上下全面着药。

d. 多雨时段缩短用药间隔时间，注意交替用药。

e. 喷药机垫片要勤更换，以保证雾滴细小，雾化良好，节省药水。

f. 使用一些辅助剂增效。在药液中加入一定量的展着剂或增效剂，如柔水通、食用醋、中性洗衣粉，不但能使药效大增，而且可减少用药量，喷药后遇雨也不影响药效，无须补喷。

根据降雨和病虫害发生情况确定用药次数，抓住关键防期，提高防治效果。

四、实行科学管理，降低果园化肥、农药的使用量

目前苹果生产中在化肥、农药施用方面问题最多，集中表现在施用种类和数量严重超标。多种化肥叠加超量施用，远远超过了苹果树的需要值，一方面导致果园投资居高不下，另一方面土壤中营养元素富集，营养平衡被破坏，对果树的正常吸收利用造成极大的影响。特别是氮肥的盲目施用，导致果实贪

青、品质下降，这已成为生产中最突出的问题之一。因而科学施肥已迫在眉睫，要严格控制施肥种类和施肥量，各地可根据土壤普查结果，合理配方施肥，特别是氮、磷、钾三要素的施用量要严格控制在合理范围之内。要依产定肥，切实将化肥的施用量降下来。要依靠科技加强管理，将减少化肥、农药成本提到议事日程上，以应对苹果销售价格下滑和生产成本上升的不利局面。

五、精品苹果生产中有害生物的非农药防治

农药污染是农业污染的主要来源之一，控制农药污染是农业生产中的重要环节。现代苹果生产中进行有害生物防控时应坚持“预防为主，防治结合”的基本原则。应坚持以农业防治和物理防治为基础，以生物防治为核心，按照病虫害的发生规律和经济阈值，以生态平衡、减轻损失为目标，将有害生物的危害控制在许可范围之内，保证苹果生产高产、优质、高效运行。

1. 农业防治

综合应用土、肥、水、品种和栽培措施，培育健康作物，提高植株的抗性。从生态学入手，改造害虫虫源地和病菌滋生地，减轻病虫害的发生与流行。发挥农田生态服务功能，利用生物多样性，减轻病虫害发生的程度。

① 选择抗性强的品种。苹果品种不同，对病虫的抗性是不一样的。生产中应注意选择对当地优势病虫害抗性强的品种种植，以减轻病虫对生产的危害。

② 疏松土壤，为根系的健壮生长创造条件，促进形成强大的根系，保证树体健壮生长，提高树体的抗性，减轻危害。同时通过春季顶凌耙耱，夏、秋、冬季深翻，将在土壤中越冬的病菌、虫卵翻到地表，利用夏季高温杀灭、冬季低温冻杀。草履蚧以卵粒在树冠下土壤或根颈部、落叶、落果、杂草内越冬，春尺蠖、梨椿象以蛹在树冠下土壤或根颈部越冬，苹果绵蚜、蚱蝉、白星花金龟子、桃小食心虫、青刺蛾、苹梢夜蛾等以幼虫或老熟幼虫在树冠下土壤或根颈部越冬，苹毛金龟子、小青花金龟子、山楂红蜘蛛以成虫在树冠下土壤或根颈部越冬。通过深翻树盘，可将在土壤中越冬的害虫翻上地面被鸟类吃掉或冻死。

③ 增施肥料，保障物质供给，促进树体健壮生长。

④ 适时适量浇水，防止树势衰弱。

⑤ 认真清园，减少病菌、虫体的越冬基数，为全年防治打好基础。草履蚧以卵粒在树冠下土壤或根颈部、落叶、落果、杂草内越冬，顶梢卷叶蛾、金纹细蛾以蛹在落叶、落果、杂草内越冬，绿刺蛾等以幼虫在落叶、落果、杂草内越冬，苹小卷叶蛾、黄斑卷叶蛾、银纹潜叶蛾、椿象、二星叶蝉等以成虫在

落叶、落果、杂草内越冬。在果树落叶休眠后，及时清扫落叶、落果、杂草，集中烧毁，以减少越冬害虫虫源。

⑥ 采用黑膜覆盖技术，阻止地下越冬病虫出土危害果树。

⑦ 刮树皮。苜蓿红蜘蛛、大青叶蝉、黄斑叶蝉、苹果绵蚜、康氏粉蚧等以卵粒在枝干及老翘皮内越冬，旋纹潜叶蛾以蛹在枝干及老翘皮内越冬，桃小食心虫、白小食心虫、苹小卷叶蛾、梨小食心虫、桃蛀螟、苹果透翅蛾、苹大卷叶蛾、星毛虫、桑天牛、星天牛、苹小吉丁虫、枯叶蛾等以幼虫或老熟幼虫在枝干及老翘皮内越冬，山楂叶螨、少数康氏粉蚧以成虫在枝干及老翘皮内越冬。在休眠期刮除枝干老翘皮，可有效地减少越冬虫体，减轻虫害。

2. 生物防治

在自然界中，许多病虫都有天敌，生产中应充分利用天敌抑制病虫数量，减轻危害。可采取以虫治虫、以菌治虫（如苏云金杆菌）、以菌治菌（如浏阳霉素）等方法，以及性诱剂、迷向剂、喷洒油、灭幼脲、烟碱乳油等制剂防治病虫害。

（1）果园中害虫的天敌　果园中害虫的天敌分为捕食性和寄生性两大类，前者主要包括瓢虫、草蛉、小花蝽、蓟马、食蚜蝇、捕食螨、蜘蛛和鸟类等，后者包括各种寄生蜂、寄生蝇、寄生菌等。各种天敌都有相对应的控制害虫，其中草蛉、小花蝽、瓢虫是螨类、蚜虫及蚧类的天敌，食蚜蝇是蚜虫的天敌，捕食螨是叶螨类的天敌，赤眼蜂可控制苹小卷叶蛾、梨小食心虫，日光蜂是绵蚜的天敌等。

（2）性诱剂　昆虫求偶交配的信息传递依赖于成虫分泌的性外激素，人工合成具有相同作用的衍生物，制成迷向剂（诱芯或迷向丝）置于园间，对相关害虫进行迷向干扰（也可用于测报），使雄虫和雌虫不能够正常定位，失去交配的机会，减少后代数量，达到控防的目的。

使用方法：目前，用于苹果生产的昆虫性诱芯种类对应的昆虫有桃小食心虫、苹小卷叶蛾、金纹细蛾、苹果蠹蛾、梨小食心虫等。一般诱捕器挂于距地面1.5m左右的树冠内。每亩果园挂出10个左右，一个月换一次诱芯，一年可减少杀虫剂用量50%左右。

据国外的经验，迷向法一是要大面积连片使用，二是要坚持连年使用，效果明显。

使用性诱剂具有多种优点：

① 对作物、人、环境是无害的，对天敌是安全的。用性诱剂控制害虫时，少喷或不喷广谱性杀虫剂，天敌就会正常增殖。用性诱剂控制害虫的果园内，有益昆虫的密度比用杀虫剂控制害虫的果园高2～10倍。而且，天敌还可控制

次要害虫的发生。

② 控制时间长。诱芯可缓慢释放信息素，放一次诱芯可控制靶标害虫1个月以上。

③ 覆盖范围广。信息素扩散和集聚在有效范围内，可完全覆盖。

④ 仅对目标害虫有效。性诱剂的活性成分只对靶标害虫有效，对天敌无影响。

⑤ 无耐药性。信息素干扰交配，目前还没有发现昆虫对信息素有耐药性。

⑥ 使用简便。使用时挂在树枝上即可。

（3）生物农药　生物农药是近年来被广泛推广应用的对人畜安全、对环境友好、污染轻的农药类型。生物农药在使用中存在成本高、药效慢、防效较低的不足之处，因而在利用生物农药防治时应掌握“养重于防，防重于治”的原则，着重加强树体的健壮生长，以提高树体自身的抵抗力，做好预防，提早用药。在生物农药具体使用时应注意做到：药剂随配随用；在病害初发期、害虫的低龄期使用；不能与化学药剂、酸性及碱性农药混用；在温湿度较高的情况下使用，以提高防效；要注意连续用药，最好连续应用2～3次，效果好。

3. 物理防治

根据昆虫对光、糖醋液的趋性，采取悬挂杀虫灯、粘虫板、糖醋液诱杀的方法，减轻危害。根据昆虫活动特点，在其必经之路粘贴带胶性物质的诱虫带进行杀灭；利用昆虫越冬的特性，在树体上绑草把，收集越冬害虫，集中杀灭，均有很好的防控效果。

（1）频振式杀虫灯（图3-22）　其作用原理是利用昆虫的趋光性，运用光、波、色、味4种诱杀方式，近距离用光，远距离用频振波，加以色和味引诱，灯外配以频振高压电网触杀，迫使害虫落入灯下箱内，以达到杀灭成虫、降低田间产卵量、控制危害的目的。

苹果园采用频振式杀虫灯具有诱杀虫谱广、杀虫量大的特点，主要诱杀鳞翅目和鞘翅目害虫，特别是对金龟子类、天幕毛虫、黄斑卷叶蛾、梨小食心虫、金纹细蛾的诱杀效果显著。

使用方法：在每年的4月中下旬至10月上中旬，按照每2～3 hm^2 果园安装一台频振式杀虫灯的标准，将灯安装在略高于树冠的地方，每天晚8点开灯，早6点关灯（一般采用光控），雷雨天不开灯。每3天左右清理害虫尸体一次。

（2）诱蚜粘胶板　利用苹果有翅蚜虫在迁飞过程中的趋黄色习性，在有翅蚜虫的迁飞期，用涂有粘胶的黄色板挂置园中粘捕蚜虫，控制蚜虫的迁飞扩散。尽量将粘胶板挂在树冠的外围，高度1.5～1.8m，每亩挂50个。

图 3-22 频振式杀虫灯

（3）诱虫带 山楂叶螨、二斑叶螨以雌成虫，卷叶蛾、食心虫以 1～3 龄幼虫在树干翘皮裂缝下、根际土缝中冬眠，这些场所隐蔽、避风，害虫潜藏其中越冬可有效避免严冬以及天敌的侵袭。而特殊结构的诱虫带瓦楞纸缝隙则更加舒适，加之木香醇释放出的木香气味，对这些害虫具有极强的诱惑力，诱虫带固定场所又在靶标害虫寻找越冬场所的必经之道，所以，果树专用诱虫带能诱集绝大多数个体聚集潜藏在其中越冬，便于集中消灭。

使用方法：在我国北方果区，上述害虫一般在 8 月上中旬即陆续开始越冬，一直延续到果实采收后。果树诱虫带在树干绑扎适期为 8 月初，即害虫越冬之前。使用时把诱虫带对接后用胶带或绑带绑裹于树干分枝下 5～10cm 处，诱集越冬害虫。待害虫完全越冬休眠后到出蛰前（12 月至翌年 2 月底）解下，集中销毁或深埋，消灭越冬虫源。

（4）粘虫胶 粘虫胶及粘虫带适用于蚜、螨、尺蠖、绿盲蝽、草履蚧、粉蚧等害虫的防治，具有无毒、无刺激性气味、无腐蚀性、黏性强、抗老化及高低温不变性（－18～60℃条件下均可保持黏度，发挥作用）等特点。

使用方法：在果树的主干或几个分枝上涂胶，涂胶处要求光滑。如果是老树，应刮除老树皮、翘皮或用泥巴将树皮的裂隙抹平，以保证涂胶紧贴树皮或用胶带缠绕在树干上呈闭合环，然后用小平铲将粘虫胶铲出，绕树皮涂一周薄薄的胶。涂胶不要太多，所涂胶的宽度应在 5cm 左右，当虫口密度很高时，可适当涂宽胶环或涂两个胶环。

涂刷时注意，防治不同的害虫涂胶时间是不一样的。像草履蚧在 2 月中旬以后，随气温的升高，连续白天温度在 10℃以上，若虫开始上树时，涂抹防治效果好。红蜘蛛可在 3 月初涂胶，防治效果好。胶涂上后，要防止枯枝、落叶和尘土等粘在胶环上，降低胶环的黏着面积，影响防治效果。当胶环上粘满害虫时，要及时清除其上害虫或另行涂抹新胶环。同时，在涂胶时要注意胶环应高于草坪高度，要在下垂枝够不到的地方，防止出现搭桥现象，造成害虫间接爬行上树，降低防效。

（5）糖醋液诱杀　利用害虫的趋味性，用糖醋液（糖：醋：水＝1：4：8，白酒少许）置于广口容器内诱杀大体形啃食果肉的白星金龟子、夜蛾等。容器悬挂高度为离地面1.5m左右。每亩挂10个。

六、苹果病虫害防治指标及化学防治用药的关键时期

1. 主要苹果病虫害防治指标

将病虫害控制在一定的范围内，既有利于保持果园的生态平衡，又可降低防治成本，减轻污染，因而在防治时应明确病虫害的防治指标，以保证适期用药，达到理想的防治效果。

由于腐烂病类病害传染性强，一般腐烂病防治指标为田间发现病斑；花腐病的防治指标为叶尖、叶缘或叶脉两侧出现红褐色圆形或不规则形小斑点；斑点落叶病重感病品种病叶率达5%～8%，中感病品种病叶率达到10%～15%；褐斑病病叶率达5%。叶片生理性病害指标，叶片硼含量19～22mg/kg为苹果树缺硼临界值，果实显示缩果或不显示缩果，叶片硼含量10～18mg/kg时，显示明显缩果病症；叶片含锌量16～21mg/kg为苹果树缺锌的临界值，叶片显示或不显示小叶症状，叶片含锌量在10mg/kg时，显示明显缩叶现象。食心虫类危害果实时防治的指标为卵果率达1%。食叶毛虫防治的指标为叶片被吃掉5%。蚜虫防治的指标为每叶有5～6头或每100个幼芽上有8～10个群体。同时要考虑天敌与蚜虫的比例，一般当蚜虫（瘤蚜、黄蚜）与天敌（草蛉、瓢虫、小花蝽等）之比超过300：1时开始喷药。叶螨的防治指标为果实生长前期及花芽形成阶段（即7月中旬前），叶均有活动螨4～5头；果实生长后期（即7月中旬以后），叶均有活动螨7～8头。同时要考虑天敌，如天敌与害螨的比例在1：30时可不用药，通过天敌控制危害；当天敌与害螨的比例为1：(30～50）时，可暂缓用药；当天敌与害螨的比例达到1：50时，应开始喷用选择性杀螨剂进行防治。

2. 苹果病虫害化学防治用药关键时期

病虫害发生的不同阶段，化学防治用药的效果是完全不同的。应主要在病虫形态较单一、危害较集中、耐药性较弱等关键时期用药，以提高药效。不同的病虫，用药的关键时期是不一样的。

主要病虫害用药的关键时期分别为：腐烂病防治的关键时期为6～7月份

落皮层形成的侵染高峰期和休眠期（发病高峰期）；干腐病、颈腐病防治的关键时期为发芽前，喷用铲除剂，控制病原，夏季在果树生长期对苹果树枝干进行重刮皮，减少病菌侵染扩展及致病机会，可及早和有效地防止腐烂病复发，生长季随时发现病斑，随时刮治；花腐病防治的关键时期为萌芽期和初花期；斑点落叶病主要危害 20 天内的新叶，30 天以上的老叶一般不受侵染，防治的关键时期为春梢和秋梢旺盛生长期；褐斑病防治的关键时期为 7～8 月份；轮纹病、炭疽病防治的关键时期为落花后至套袋前；白粉病防治的关键时期为萌芽期和花前花后；苹果炭疽叶枯病主要在 7 月雨季高温期侵染发病，为此在 6 月底 7 月初喷施保护性杀菌剂，可很好地控制该病的发生；锈病用药的关键时期为花后一个半月内，喷药 2～3 次可预防该病，展叶后，在瘿瘤上出现的深褐色舌状物未胶化之前喷第一次药；霉心病防治的关键时期是开花前后和花期，花前花后防治得好，病菌便不能进入苹果心室，就可很好地控制危害；锈果病可在接近萌芽、花蕾还没有完全展开时，及苹果谢花后喷洒 1.35％三氮唑核苷·铜可湿性粉剂 1000 倍液，并在药剂中加入 0.5kg 鲜牛奶，对预防锈果病具有明显效果；红点病防治的关键时期为套袋前和摘袋前后；谢花后至套袋前是防治黑点病的关键时期；黑点病倡导花期用药，谢花后至套袋前强化用药，将病菌杀灭在套袋前；缺素引起的叶片黄化可在 5～10 月进行叶面喷肥防治；缺锌引起的小叶现象可通过早春树体未发芽时，在主干、主枝上喷施 0.3％的硫酸锌＋0.3％的尿素，发芽后叶面喷 1～2 次 0.3％～0.5％的硫酸锌溶液进行矫正；苹果绵蚜各种虫态均覆有白色绵状物，喷药时期应重点在苹果绵蚜发生高峰前，其中花前和花后 7 天是树上施药防治的关键时期，9 月份也是关键时期之一；苹果黄蚜在苹果萌芽时（越冬卵开始孵化期）和 5～6 月间产生有翅蚜时，蚜虫繁殖快，世代多，一般当黄蚜虫芽率达 5％时要及时用药；苹果瘤蚜防治的关键时期为苹果树展叶初期，通常虫芽率达 1％时开始用药；苹果花序分离期是山楂红蜘蛛越冬雌成虫出蛰盛期、越冬卵孵化盛期，这是防治山楂红蜘蛛的第一个关键时期，落花后 7～10 天是山楂红蜘蛛第一代卵孵化盛期和成螨产卵盛期，这是用药的第二个关键时期；翌年苹果花芽膨大时，苹果全爪螨的越冬卵开始孵化，孵化期比较集中，西北果区 6 月上旬左右出现第 2 代成螨，以后世代重叠严重，因而花芽膨大期和 6 月上旬为防治苹果全爪螨的关键时期；食心虫一旦蛀进果内，就无法防治，其防治的关键时期应在蛀果前；苹果蠹蛾 4 月下旬越冬代成虫开始羽化，7 月上旬开始出现一代成虫，7 月中旬二代幼虫孵化蛀果，成虫产卵盛期为药剂防治的关键时期；卷叶蛾类危害嫩叶时，吐丝将其缀成团，匿身其中，防治难度较大，因而防治的关键时期应为越冬代成虫产卵盛期和各代幼虫孵化盛期，其中第一代幼虫发生期比较整齐，是全年防治的重点时期；金纹细蛾每年发生好几代，其中第1代成虫盛发期即5月中下旬，发生整齐，易防治，后期各代多交叉发生，世代重叠，难于防治，因此应抓好第1代成虫盛发期，喷药防治效果较佳；苹小卷叶蛾在越冬幼虫累积出蛰率达60%时开始喷药，成虫羽化盛期后1～2天，开始用药；介壳虫若虫期体表尚未分泌蜡质，介壳未形成，用药容易杀死，此时是用药的关键时期，像康氏粉蚧在苹果落花后至果实套袋前，防治较容易，桑白蚧在越冬卵孵化率达30%时喷头次药，在孵化率达60%时喷第二次药，可很好地控制危害；苹小吉丁虫幼虫在夹层或浅木质部为害，属较难防治的害虫，成虫发生期为防治的关键时期。

七、重点病虫害的发生及防治

（一）腐烂病

腐烂病是苹果生产中的主要病害之一，全国各苹果产区均有发生，主要危害枝、干，轻者导致植株残缺不全，重者导致全株死亡，对苹果生产危害严重。近年来，腐烂病呈现严重发生态势。

1. 症状

该病分为溃疡型和枯枝型两种类型。

（1）溃疡型　发病初期病斑为红褐色，水渍状，组织松软，用手按压即下陷，以后变成黑褐色，上面密生黑色小点（即分生孢子器）。

在湿度大时，分生孢子器溢出橘黄色、曲丝状的分生孢子角，借风雨和昆虫、修剪工具传播。

（2）枯枝型　发生于弱树弱枝上，病部扩展快，包围整个枝、干后，被害的枝叶呈水渍状，生长不旺，叶色变黄，枯死。

2. 发生规律

腐烂病是一种弱寄生菌传染病，具有潜伏侵染的特性，在每年2～12月都能发生，以菌丝、分生孢子器等在病树树皮内越冬，翌年2月中下旬开始侵染，3月下旬至4月下旬发展最快，6月发展变慢，9月上旬在弱树上又有发生，一直活动到上冻前。

3. 严重发生的主要原因

（1）气候影响　冬季寒冷、干燥的气候条件非常有利于腐烂病病菌的扩散，使腐烂病呈现高发态势，主要表现在：

① 冬季寒冷，冻害严重发生。冬季低温导致树皮坏死，寄生在树体的腐烂病病菌趁机入侵，使腐烂病呈严重发生态势。

② 有效降水出现得迟，树体水分含量不足。冬季降水少，树体内水分含量严重不足，加之冬季低温，树体对水分的吸收受阻，而蒸腾作用在缓慢地进行着，导致树皮水分含量低，树体抗侵染能力降低。

（2）补养不及时，树体抗性弱　施基肥较迟，秋季果树结果所消耗的养分得不到及时补充，树体春季处于贫养状态，抗病力弱，病菌侵入扩散阻力小，从而使腐烂病呈严重发生态势。

（3）病菌增多　在长期的栽培过程中，病菌累积量增加。由于腐烂病病菌具有潜伏性，寿命长达5～6年，树体普遍带菌，一旦环境有利于腐烂病病菌侵染危害，便呈暴发态势。

（4）造伤过多，侵染机会增加　伤口是腐烂病病菌侵染的主要途径。随着栽培时间的延长，果园郁闭现象明显加重，改善郁闭现象的主要措施是去枝，去枝必然会造成大量伤口，而大量伤口的出现为腐烂病病菌的侵染打开了方便之门。

（5）树龄增加，树势开始衰弱，抗病力减弱　苹果树体对腐烂病的抵抗力与树龄呈负相关，一般树龄小，则树势旺，抗性强，腐烂病发生轻，随着树龄的增加，树势开始变弱，抗性减弱，腐烂病发生加重。

4. 防治

根据生产经验，在腐烂病防治时应抓好以下措施：

（1）及时补养　保证树体健壮生长，提高树体抗病力，这是防治腐烂病的最根本对策。对于秋施基肥不足或未施基肥的树体，在土壤解冻后，要及时补养。补养应坚持以有机肥为主的原则，通过有机肥与化肥的合理搭配，以均衡树体营养供给，增强树势，提高树体抗病力，减轻危害。亩产3000kg苹果，需施入过磷酸钙32kg左右，优质土杂肥5000～6000kg或50%生物有机复混肥300kg，复合菌肥15kg。

（2）补水　有浇水条件的地方，在气温上升到5℃以上时，应及时浇水，补充树体内的水分，提高树体抵抗病菌侵染的能力。

（3）保护好伤口，减少腐烂病的发生　根据管理经验，以下措施可很好地保护伤口，有效地控制腐烂病的发生：

① 剪锯锋利，剪前消毒。一般剪口平而光滑，则伤口愈合快，腐烂病发生率低，因而修剪时用的剪刀、锯子一定要锋利。另外，剪刀、锯子是腐烂病的主要传播媒介，在修剪前一定要消毒，实行无菌作业，防止工具传染病菌，特别是修剪过腐烂病树病枝的工具千万不能用于好树的修剪。消毒时可用多种方法进行：一是可用酒精或高浓度白酒擦洗剪刀、锯子；二是可用开水浸泡剪锯消毒；三是可用碱水擦洗剪锯消毒；四是可用大蒜涂擦剪刀、锯子。

② 修剪方法正确，伤口整理精细。锯枝时锯背要紧贴主干或大枝，剪口应呈马蹄形，以防积水；疏枝时应尽量疏尽，不要留桩。剪锯后发毛的茬口应用快刀刮光，破裂皮层铲平，以利伤口愈合。

③ 及时涂抹愈合剂，防止伤口干裂。冬春季多风，剪口、锯口易干裂，一般应边修剪边对伤口及时涂抹愈合剂，防止伤口失水干裂，应争取做到涂抹伤口不过夜。所用愈合剂质量要好，尽量选择抹后能成膜的，少选择强腐蚀性的，防止烂皮。如果修剪工具锋利，没有感染病菌，剪锯口平整光滑，也可用油漆涂抹伤口，以防失水。

④ 包扎伤口，促进愈合。一般相对较高的温度、湿度和弱光条件有利于愈伤组织的产生，因而对修剪所造成的伤口可进行包扎，以创造有利于伤口愈合的环境条件，促进伤口愈合。在我国果区伤口包扎有两种方式，一种是用新塑料薄膜对伤口进行包扎，另一种是在涂抹愈合剂后，在伤口上贴一块比伤口略大的苹果袋内袋蜡纸，效果都很好。

（4）适量结果，防止树势衰弱　过量结果是导致树势衰弱的最主要原因，在进入盛果期后，应严格控制结果量，防止树势衰弱现象的出现。在山旱地果园亩产量应控制在2500kg左右，川水地亩产量应控制在3000kg左右。

（5）掌握规律，适期用药，控制危害　一般腐烂病一年有一次侵染高峰，两次发病高峰。8～9月，田间湿度大，有利于病菌繁殖扩散，树体结果消耗养分多，抗病力弱，此时是树体最易被侵染的时期。病菌侵染后潜伏于树体，11月落叶后，出现第一次发病高峰，冬季低温冻害及修剪会造成许多伤口，在春季3月底至4月初，会出现第二次发病高峰。因而要抓住关键时期防治，通常应把握以下环节：一是在8～9月，用绿树神医、果树康、843康复剂等涂刷树干、大枝、树杈等，防止病菌侵染；二是在10～11月剪除病枝，刮除腐烂病斑，涂石硫合剂进行伤口保护；三是3～4月细致检查树体，刮除腐烂病斑，涂抹长效剂或5%安素菌毒清、25%灭腐灵、果康宝、梧宁霉素、伤口愈合剂等进行治疗，一定要做到细致周到，主枝、主干、树杈处均要喷布到，不留死角，杀灭病菌，减轻危害。

（6）桥接　已发生腐烂病的树体，要搞好桥接，以保障营养物质运送通道的畅通，提高结实能力。

（二）干腐病

近年来，在西北黄土高原苹果产区干腐病呈现愈演愈烈之势，成为危害枝、干和果实的重要病害。

1. 症状

干腐病有溃疡型、枯枝型和果腐型三种类型。

（1）溃疡型　发病初期病斑为不规则的暗褐色或暗紫色斑点，表面湿润，常有暗红色黏液流出，呈现“油皮”现象，慢慢皮层腐烂，但闻之无味。病斑失水后干皮凹陷，病健相交处常裂开，病斑表面有纵横裂纹，后期病部出现小黑点。潮湿时顶端溢出灰白色孢子团。

（2）枯枝型　病部最初产生暗褐色或褐色圆斑，迅速扩展成凹陷的条斑，导致枝条枯死，病斑上密生小黑点。

（3）果腐型　被害果实初期产生黄褐色小病斑，后逐渐扩大成深浅相间的褐色同心轮纹斑，在温度高时，病斑迅速扩展，导致果实腐烂，后期成黑色僵果。

2. 发病规律

干腐病以菌丝体、分生孢子器等在枝干发病部位越冬，翌年春季产生孢子进行侵染。病菌孢子随风雨、修剪工具传播，经伤口侵入，也能从死亡的皮孔处侵入。病菌具有潜伏侵染特性，寄生性弱。每年5月和9～10月发病明显严重，出现发病高峰。

干腐病的发生和树势、管理水平及气候条件关系密切。树势弱，伤口多，干旱少雨，缺水，易导致病害发生和流行。当树皮水分含量低于正常情况时，病菌迅速扩散。

3. 防治

（1）增强树势，提高树体抗病力　规范化栽植，足肥足水供给，尽量减少树体造伤，结果适量，防止树势衰弱。

（2）刮病斑　发病后，要及时刮除病斑，刮后涂抹腐必治50倍液或50%的菌毒清40倍液、45%施纳宁200倍液进行保护。

（3）喷药防治　发芽前喷波美度3～5°Bé石硫合剂或35%轮纹病铲除剂100～200倍液杀灭病菌，减少病害的发生。

（三）早期落叶病

早期落叶病是多种病害的综合表现，包括褐斑病、圆斑病、轮斑病和灰斑病，其中以褐斑病危害严重。

1. 症状

褐斑病主要危害叶片，偶尔侵害果实。病斑分三种类型：同心轮纹型、针芒型和轮纹与针芒混合型，即病斑上的蝇粪状小黑点呈轮纹状排列或针芒状扩展，或两种类型混合发生，病叶迅速变黄，而病斑周围仍保持绿色，造成早期落叶。圆斑病、灰斑病的病斑多呈圆形或近圆形，初为褐色，后期变为银灰色，其上散生黑色小粒点。轮斑病发生于叶边缘，病斑呈半圆形，发生于叶片中央部位的呈圆形，病斑大，褐色，有明显的轮纹，严重时叶片卷缩脱落。

2. 发生规律

早期落叶病为真菌病害，病菌在地面叶片上越冬，翌年气候适宜时产生分生孢子，借风雨传播，感染新叶。该病发生的主要因素是雨水，雨水多的年份及地区，树势弱、低洼潮湿的果园发病严重。不同品种抗性不一样，大面积栽植的红富士为易感品种。

褐斑病、灰斑病、轮斑病和圆斑病的发病早晚也不同。圆斑病在春、秋季气温低时发生；灰斑病在秋季发生；褐斑病在夏季温度高、降水多、湿度大时发生严重；轮斑病具有浸染叶片最强的毒素，病害发生后，会造成大量叶片脱落，但轮斑病发生的概率较小。早期落叶现象发生后，导致树势衰弱，影响树体生长发育、花芽形成，降低产量。

3. 防治

(1) 彻底清园　每年冬季落叶后，应彻底打扫园内落叶，集中深埋。用落叶覆盖的要在地面细致地喷布戊唑醇等杀菌剂，消灭越冬病原。

(2) 增强树势　加强肥水管理，增施农家肥、磷肥、钾肥，提高树体抗病能力。

(3) 改善果园通透性　对密植园通过间伐、疏枝等措施改造，降株数，降枝量，改善果园通风透光条件，抑制病害的发生。

(4) 适期用药防治　在防治早期落叶病时，应用预防为主、治疗控制相结合的防治措施，以提高防效。

在前期喷用保护性杀菌剂，侵染后用内吸性杀菌剂，发芽前重点喷用波美度5°Bé石硫合剂，减少病菌越冬基数；5月上旬喷70％丙森锌或80％大生M-45可湿性粉剂800～1000倍液，80％喷克可湿性粉剂800倍液，10％多氧霉素600～800倍液，3％多氧霉素500倍液＋80％络合代森锰锌可湿性粉剂800倍液，5％己唑醇微乳剂1500倍液＋80％络合代森锰锌可湿性粉剂800倍液控制病害的发生；5月下旬至6月上旬喷43％戊唑醇悬浮剂3000倍液或40％福星乳油8000倍液、1000倍菌立灭、4000倍果康宝等内吸性杀菌剂进行预防。发病后可喷62.25％仙生可湿性粉剂8000倍液或50％扑海因可湿性粉剂、10％苯醚甲环唑水分散剂2000倍液＋70％丙森锌可湿性粉剂600倍液、50％速克灵可湿性粉剂1000倍液＋12％纹霉清水剂800倍液进行治疗。

（四）白粉病

白粉病主要危害幼嫩叶片和新梢，也危害花和幼果。

1. 症状

白粉病发生后，树体发芽较晚，生长迟缓，嫩叶密布白粉，新梢纤细，节间短，叶片狭长，叶片自尖端或叶缘开始逐渐变褐色，早期脱落，严重影响树体的生长和发育。

花芽发病后，花呈畸形，花瓣狭长，萎缩，不易坐果，幼果多在萼附近发病，长大后，白粉脱落，形成锈斑或裂果。

2. 发生规律

白粉病病菌以菌丝在芽内越冬，春季侵害新梢嫩叶，形成孢子随风传播，4～5月春梢生长期及7～8月秋梢生长期为两个发病高峰期。春季温暖、空气干燥时发病较重。生产中大面积栽植的秦冠、红富士、元帅系品种为本病的易感品种。

3. 防治

（1）清除病原　结合冬剪，剪除病梢，春季萌芽后，剪除受害新梢。

（2）增强树势　增施有机肥及磷肥、钾肥，疏除过密枝条，加强结果枝的更新，促使树势、枝势健壮，提高树体抗病能力。

（3）喷药控制　春季发芽前细致喷一次波美度5°Bé石硫合剂，对白粉病的发生控制效果好；花前喷波美度0.3～0.5°Bé石硫合剂、50%多菌灵可湿性粉剂1000倍液、3000倍三唑酮均有良好防效。

（五）霉心病

霉心病是危害苹果果实的主要病害之一。

1. 症状

得病果实呈现霉心和心腐两种类型。

霉心果，首先发病部在心室形成局部病斑，呈褐色或淡灰色，有时夹杂青色或黑绿色，严重时扩展到整个心室，心室呈黑色或灰色，菌丝生长繁茂，果实不腐烂，但商品性降低。

心腐果的心室壁腐烂，病部从心室向果表继续扩张，引起果心、果肉甚至整个果实霉烂变色，不堪食用，有时小病斑呈淡褐色不连续条状，局限在萼筒和心室内，不向外扩展。

2. 发生规律

霉心病由多种病菌引起，具有潜伏侵染的特性，在苹果整个生长期都可以侵染，其侵染途径由花器或果实萼筒侵入心室，发生霉变，尤以开花期侵染较多，果实衰老快，引起发病。危害严重时，果实底色发黄，果顶部不正或开裂，采前落果严重。

3. 防治

（1）减少病原菌　清园要彻底，要及时清除病虫果。

（2）喷铲除剂　早春喷用波美度5°Bé石硫合剂，杀灭田间病菌，减轻危害。

（3）喷药防治　花前、花后各喷一次3%多氧霉素水剂500倍液＋80%络合代森锰锌可湿性粉剂800倍液、70%甲基硫菌灵1000倍液＋80%络合代森锰锌粉剂800倍液。

（六）炭疽病

炭疽病在苹果产区均有发生，为苹果主要病害之一。

1. 症状

主要危害果实。发病初期，果面上出现针头大小的淡褐色小圆斑，病斑很快扩大，凹陷。病斑扩展后，斑上长出许多小黑点，呈轮纹状排列。病斑腐烂后呈褐色至黑褐色，果肉味苦。空气潮湿或雨季时，病斑表面有红色黏液状物，即病菌孢子堆，借雨水传播，由上而下呈伞状传播于附近果实，造成发病。严重时，一个果实上可出现多块病斑，使果实最后变黑、脱落或形成僵果，成为病源。

2. 发病规律

炭疽病以菌丝潜伏在病弱枝、病僵果、枯果台和潜皮蛾危害的枝条上越冬，翌年温、湿度适宜时，产生分生孢子，借雨水和昆虫传播。在果园中，一般先形成中心病株，然后向周围扩散，一般树冠内病果较多，而外围较少，树冠的中下部多而上部少。病菌潜伏期的长短主要受温度和果实糖分的影响。发病初期潜伏期长，一般在10天左右；发病盛期潜伏期短，一般在2天左右。

炭疽病每年发病期不尽相同，主要取决于降雨的迟早，常年多在6月，晚时可推迟到7月。7～8月为发病盛期，雨季发病重，晚秋气温下降后发病减轻。病害发生的程度与果园的通透性、树势有关，通透性差、树势弱时，病害发生严重。

3. 防治

（1）控制病源　要认真清园，冬剪时剪除僵果、病果、病枝、枯枝，发病初期摘除病果，对剪除的僵病果、病枯枝应集中烧毁，以有效地减少病源，为全年防治打好基础。

（2）增强树体抗性　增施有机肥、磷肥、钾肥，控制氮肥的施用量；加强根系保护，培养健壮树势，提高树体抗病力，减轻危害。

（3）喷药防治　休眠期间要细致周到地喷波美度 5°Bé 石硫合剂，杀灭越冬病菌，生长季交替使用保护性杀菌剂和内吸性杀菌剂进行治疗。前期可使用 1500 倍液的百泰、2000 倍液的世高交替喷防，后期使用 1500 倍液的百泰或 4000 倍液的翠贝喷防。

（七）轮纹病

轮纹病（粗皮病）主要危害枝、干和果实，有时也危害叶片。

1. 症状

枝、干感病后，常以皮孔为中心发生红褐色近圆形病斑，病斑中心突起呈瘤状，质地坚硬，以后病斑凹陷干缩，边缘皱裂，与健康树皮有明显界限。发病后期，病斑中央产生黑色小点。严重时，病斑相连，致使树皮粗糙，导致树势衰弱。

病菌于花后即侵染果实，潜伏期较长，到果实近成熟和贮藏期才迅速发病，在皮孔上生成褐色或红色水渍状小斑点，逐渐扩大形成深浅交替的褐色同心轮纹，病斑不下陷，果肉腐烂，有酒糟味。发病后期，病斑上散生不规则黑色小点，果实发病腐败极迅速，5～8 月全果腐烂。

2. 发生规律

轮纹病病菌为弱寄生菌，树势强壮不易发病，多发生在弱树上，具有侵染早、潜伏期长的特点。不同品种抗病力不一样，红富士为感病品种，元帅系较抗本病。

3. 防治

（1）控制病菌越冬基数　休眠期喷波美度 5°Bé 石硫合剂、50％多菌灵可湿性粉剂 1000 倍液或 20％丙环唑乳油 1500～2000 倍液，杀灭病原菌，控制病菌越冬基数。

（2）喷药防治　生长期用药重点在坐果后 6 月下旬至 7 月下旬，可全树喷 70％甲基硫菌灵可湿性粉剂 800 倍液、3％多抗霉素 500 倍液、50％多菌灵 800 倍液＋50％甲硫·锰锌可湿性粉剂 800 倍液进行治疗。

（八）苹果锈果病

病株结果个小，畸形，表面生有锈斑，硬度大，风味变劣，失去食用价值，不耐贮藏。

1. 症状

苹果锈果病主要危害果实和苗木。在果实上症状分为三种类型：

（1）锈果型　病果从果顶萼洼开始向果柄处发展五条褐色木栓锈斑，后期锈斑皲裂、腐烂。

（2）花脸型　果面散生很多近圆形的黄绿色斑，变成红绿相间的花脸状。

（3）混合型　在同一果上，既有锈果型症状，又有花脸型症状。

2. 发病规律

本病由病毒侵染造成，病菌通过嫁接传播。梨树为锈果病的带毒寄主，梨园旧址或梨园附近栽植苹果树时，锈果病显著增多。

3. 防治

① 选择无病毒苗木种植。

② 避免苹果树、梨树混栽及在梨园旧址、梨园附近建苹果园。

③ 挖除病株销毁，以防传播病毒。

（九）黄化病

1. 症状

从新梢嫩叶开始发病，叶色变黄，叶脉仍为绿色。随病势的发展，叶片除主脉外，全部变为黄白色或黄绿色，严重时叶片焦枯脱落，影响果实的正常生长。

2. 发病原因

苹果叶片失绿变黄是生产中较普遍发生的现象，由于导致失绿的原因较复杂，生产中只有对症防治，才能提高防治效果。通常出现叶片变黄的原因有：

① 土壤性状不良。一般在土壤板结严重、通透性差的情况下，苹果树根系生长受到抑制，树体吸收能力差，易发生叶片黄化现象。刚整修的梯田生地中生土层养分欠缺，所栽果树黄化现象较普遍；沙性土壤漏肥漏水，黄化现象也易发生。

② 不当作业、根系受损、树体吸收能力减弱，根系枯死，根结线虫均易导致叶片出现黄化。目前最主要的原因表现在四个方面：一是用微型旋耕机除草松土伤根较多，根系恢复时间较长，易导致叶片黄化；二是施用除草剂，特别是连年使用除草剂的果园，毛根会出现枯死现象，树体吸收能力大大降低，从而出现黄化现象；三是瞎瞎（草原鼢鼠）危害，导致根系受损；四是施肥过量，导致毛根死亡，吸收能力下降，出现黄化现象。

③ 缺素。在苹果树生长过程中，由于土壤中氮、钙、镁、铁等元素缺乏或因土壤板结导致树体对营养元素的吸收受到限制时，均易引起叶片黄化，只是外观症状不同而已。一般缺氮时新梢生长细而弱，叶小，呈淡绿色或黄色，严重时会引起落叶和落果。缺钙时，在小枝的嫩叶上发生褪色及坏死斑点，叶子边缘及叶尖有时向下弯曲，褪色部分颜色先呈黄绿色，一两天内变成黄褐色。缺铁时近新梢顶部的叶片完全变成草绿色或黄色，中下部叶片叶脉呈绿色，有些叶焦边，并逐渐开始脱叶。缺镁时叶片失绿，新梢基部成熟叶片的叶脉间出现黄绿色，会迅速扩大到顶部，基部叶片夏末脱落，顶部叶片仍保留；叶子小，最终变脆，边缘向上卷曲；嫩叶较弱小，易受菌类侵染，提前落叶（但新梢顶端的叶则不脱落）；严重缺乏时植株干死。一般缺镁时在 8 月中旬就开始落叶，严重缺镁时则在 6 月中下旬就开始落叶。

要科学判断苹果树体是不是缺素，重要依据为土壤养分测定和叶片营养元素的测定。应认真研判，找出失绿的原因，以便对症防治。

④ 施肥时间间隔较长，出现脱肥，易导致叶片黄化。一般在春季萌芽展叶开花期，夏季新梢生长、幼果膨大、花芽分化期，秋季枝叶生长及果实膨大期，树体消耗养分量大，如果得不到及时补充，则会出现脱肥现象，导致叶片黄化。

⑤ 病虫危害，易出现黄化现象。特别是螨类、腐烂病等易导致叶片黄化。病毒病危害易出现花叶病。

3. 叶片黄化的防治

根据以上主要原因，在防治苹果叶片黄化现象时应采取综合措施，以保证叶片恢复绿色，促使树体健壮生长，促进产量、质量和效益的提高。主要防治措施有：

（1）活化土壤　保持土壤有良好的通透性和保水保肥能力。对于严重板结的土壤，要及时耕翻，保持土壤疏松。新修梯田生土层要通过耕翻加速土壤熟化，增施肥料补养；沙性土壤要增厚土层，防止肥水渗漏。

（2）增施有机肥　有机肥养分种类全面，施后能改良土壤，提高土壤肥力，肥效期长而稳定，坚持长期足量施用，可有效地避免叶片黄化现象的发生。特别是在黄化现象发生的果园中使用，有利于叶片恢复绿色。

（3）保护根系，提高树体吸收能力　在利用微型旋耕机除草松土时应以行间为主，树盘以内尽量少用，以减少伤根。果园内不用或少用除草剂，提倡人工除草；如果应用除草剂，应用间隔期应在三年以上，防止根系死亡。

（4）适期追肥，补充营养　满足树体快速生长对肥料的需求，每年在萌芽前、6 月花芽分化快开始时及 8 月果实膨大期要适时适量施好追肥，减轻树体内的营养竞争，保证树体健壮生长。

（5）对症补养，克服缺素引起的黄化　5～10月对缺氮、缺钙、缺镁等引起的黄化，分别叶面喷施0.3%～0.5%的尿素、1%～2%的氯化钙、0.5%～1.0%的硫酸镁，对缺铁引起的黄化可在7～9月喷施0.1%～0.3%的硫酸亚铁或休眠期喷施1%～3%的硫酸亚铁，最好配合尿素喷施，可很好地改变叶色，促使叶片生长恢复正常。

（6）药物治疗　对因根系枯死诱发的生理性缺素黄化，应剖开土壤，剪除枯死根，用500倍50%多菌灵灌根2～3次。对根结线虫诱发的黄化，每亩用3～5kg 10%克线磷或克线丹颗粒剂或40%毒丝乳油800倍液喷洒处理根基土壤，杀灭根结线虫，尽快恢复根系的生理功能。

（7）加强病虫害的预防　保证叶片健壮生长，提高叶片制造、运送光合产物的能力。螨类可喷20%螨死净悬乳剂3000倍液或扫螨净4000倍液，病害可喷68.5%多氧霉素可湿性粉剂1200～1500倍液或800倍液的4%农抗120防治。

（十）小叶病

1. 症状

患病植株发芽晚，节间变短，不伸展，叶质脆，变黄绿色，叶缘向上。果小而畸形，多数当年不能坐果，也不能形成花芽。病情轻的树，小叶仅出现在个别外围枝的顶端，雨季后恢复原样，受害枝梢下的潜伏芽可能萌发徒长枝或新梢，代替先端病梢，但如病因不除，修剪不当，新梢仍可发病。同时病树根系发育受阻，重者根部腐烂，树冠逐年变小，最后导致整株死亡。

2. 苹果生产中出现小叶的原因

我国苹果生产中小叶出现的原因是比较复杂的，主要有：

（1）病毒的影响　苹果树感染病毒后，会出现顶梢叶片变小的现象，这种小叶现象是会传染的，病毒会通过修剪工具传播到健康树体上，一般在果园内零星出现。

（2）缺素的影响　缺氮、缺磷、缺锌均会导致小叶现象的发生。一般缺氮时，叶小，叶片失绿，较老的叶片为橙色、红色或紫色；缺磷时，叶小、稀少，叶片呈青铜色至淡绿色；缺锌时，春季叶片呈轮生状小叶，硬化，梢叶有时变成花叶。当因缺锌发生小叶病时，表现在一片或一个区域，并非个别植株。

（3）土壤沉实，根系生长不良，吸收能力弱的影响　近年来随着苹果生产向山区发展，大量梯田果园兴起，小叶病的发生成为普遍现象，这主要是由于在整修梯田时对土壤深翻重视不够造成的。在修梯田时，有去方和垫方之别，通常将高处的土移动到低处，土壤原有的结构被破坏，原来高处的活土层被移走，所留土壤沉实，土壤风化程度不够，养分含量不足。果树生长在这种土壤上，多表现为根系生长不良，吸收能力弱，小叶现象发生较严重。而原来低洼的地方，由于移来了大量的活土层，土壤疏松，土层厚，相对较肥沃，栽培在该处的果树根系生长阻力小，土壤养分供给充足，基本没有小叶现象的发生。小叶病的这种区域性现象比较明显，通常在一块地中，从外到内小叶病呈现渐次加重的现象。

（4）除草剂的影响　近年来随着除草剂的大量施用，也诱发了小叶现象的大发生。除草剂施用后，在杀灭杂草的同时，也会对苹果树的根系造成伤害，导致苹果树的吸收根枯死，树体的吸收功能减退，在地上部分表现小叶现象。这种小叶现象与除草剂施用的范围和使用年限有很大的关系，除草剂施用的范围越大，连续施用的年限越长，则小叶现象发生得越严重。

（5）机械作业伤根的影响　农业机械的应用，大大地提高了果园管理的劳动效率，降低了劳动强度，但机械作业的负面影响也逐渐地显露出来了。像在苹果生产中小型旋耕机已基本普及，但在旋耕机应用次数越多的地方，小叶现象相对地发生越严重。这主要是由于苹果的吸收根分布比较浅，在机械旋耕的过程中，会导致大量吸收根损伤，影响树体对矿物质和水分的吸收，导致树体地上部分养分和水分供给不足，叶片的生长受到限制，出现小叶现象。

（6）施肥的影响　苹果树为高产作物，生产中施肥量较大，施肥方法不当，特别是施肥过于集中、干旱缺墒的情况下施肥及施肥离根系过近时，都会导致根系死亡，果农称之为“烧根”现象。“烧根”现象发生后，毛根的生长点被破坏，严重时大量毛根死亡，树体的吸收功能受到影响，树上则表现小叶现象。这种小叶现象在树体中多表现为局部现象，有时仅发生在一个枝或几个枝。

（7）地下害虫、害鼠危害的影响　地下害虫、害鼠会将根系咬伤，影响树体吸收功能，导致树上出现小叶现象。特别是田鼠危害相当严重，已成为山地果园的一大公害，由于其繁殖快，味觉灵敏，防治难度大。

（8）不当修剪的影响　冬季修剪时疏枝过多或锯口过大，出现对口伤、连口伤等，严重地削弱了中心干或骨干枝的长势，引起树体生理机能的改变，造成小叶；夏季环剥过宽，剥口保护不够或剥时树体缺水等，使剥口愈合程度差，导致剥口以上部位生长受阻，代谢紊乱，产生小叶。此类小叶现象出现在个别植株或个别骨干枝上，且在大锯口或剥口以下部位能抽出 2～3 个强旺的新梢。

3. 苹果生产中小叶病的防治措施

根据以上发生的原因，在苹果生产中小叶病防治时应重点抓好以下工作：

（1）控制病毒传播，减轻病毒引发小叶病的危害　对于病毒引发的小叶病，在生产中要严格控制病毒的传播，防止小叶病蔓延。如确诊小叶病为病毒所致，则对患小叶病的植株应及时挖除，如果危害较轻，则在修剪时使用专用工具，防止病毒传播，同时对患病植株有针对性地喷用病毒灵等药剂进行矫正。

（2）对症补养　对于缺素引起的小叶现象，在生产中应对症施治，克服缺素的不利影响。对于缺氮引起的小叶现象，应通过增施有机肥、补充氮肥特别是速效性氮肥，以促进叶片恢复正常，在根施氮肥的同时，可叶面喷施0.3%～0.5%的尿素进行矫正；对于缺磷引起的小叶现象，应在增施有机肥的基础上，注意增加磷肥的施用量，叶面可喷施0.3%～0.5%的磷酸二氢钾；对于缺锌引起的小叶现象，可在施用基肥时根据树大小，每株增施0.5～1kg的硫酸锌，早春树体未发芽时，在主干、主枝上喷施0.3%的硫酸锌＋0.3%的尿素，发芽后叶面喷1～2次0.3%～0.5%的硫酸锌溶液进行矫正。

（3）深翻土壤，增施有机肥　对于梯田果园，在建园前要注意深翻，如果建园时没有深翻的在树栽上后2～5年内应对全园进行一次深翻，特别是去土后的地方一定要深翻，并保证深翻深度在60cm以上。如能结合深翻施入大量的有机肥，则可优化根际生长环境，促进根系健壮生长，提高树体吸收功能，对于防止小叶现象的发生会有明显的效果。

（4）加强根系保护　在苹果生产中要限制除草剂的应用，在同一地块，每年除草剂施用不要超过两次，提倡多进行中耕除草，通过人工拔、铲、锄的方法，限制杂草对果树生长的影响；在果园中要正确使用旋耕机，幼龄果园可对行间的土壤进行旋耕，树盘内要严禁使用旋耕机，盛果期果园由于根系布满全园，生产中要限制旋耕机的使用，以切实保护根系，促使形成强大的根系，增强树体的吸收功能。在施肥时施用的农家肥要充分腐熟，施量要适宜，水平施肥位置应在树冠梢部以外，最好在雨后施肥，有条件的施肥后及时浇水，要大力普及肥水一体化栽培措施，减轻施肥作业对根系的伤害；要加强田鼠的防治，通过弓箭射杀和药物毒杀相结合的方式进行控制，保护树体，减轻危害。

（5）合理修剪　修剪中避免留对口伤、连口伤和过多地一次性疏除过粗大的枝；夏季少用环剥措施；对已经出现因修剪不当而造成小叶的树体，采用轻剪的方法，待2～3年枝条恢复正常后，再按常规方法修剪；生产中要控制负载量，防止树势衰弱。

（十一）苦痘病

1. 症状

苦痘病主要危害果实，多发生于果实顶部和果实下半部，初期病斑为颜色较深暗微凹陷的圆斑，以皮孔为中心，红色品种为暗红色、黄色，绿色品种为暗绿色，周围有深红色或黄绿色晕圈；后期病斑凹陷，褐色，病斑皮下果肉坏死，褐色，海绵状，味苦。

2. 发病原因

该病是树体缺钙的一种生理表现。土壤贫瘠，则根系吸收能力弱；强酸性土壤，由于大量氢离子的置换作用，引起钙、钾营养的流失，导致钙素营养不足；土壤施氮过量，树体徒长，枝条与果实争钙，降低果实中的钙浓度，都会表现出缺钙症状。

3. 防治

（1）改良土壤　增施有机肥，调整土壤酸碱度，促进苹果树对钙的吸收。

（2）土壤施钙　施肥时，混加硅钙镁肥或钙镁磷肥，根据树大小确定施量，一般每株施用 1000～2000g。

（3）喷钙　花后结果期，结合喷药开始喷布 800～1000 倍液的氨基酸钙、速美钙，在幼果期喷 3～4 次，可改善钙素的供给状况，减轻或消除苦痘病的危害。

（十二）桃小食心虫

桃小食心虫是危害苹果果实的主要害虫。近年来，由于大面积地应用了覆膜及套袋栽培措施，其危害得到有效控制。在省工栽培实行无袋化栽培时，对其危害要高度重视。

1. 危害状

幼虫从果实萼洼处蛀入，蛀孔小，流出果胶，幼虫蛀入后在果皮下串食，形成弯曲隧道，随果实的不断膨大，整个果面高低不平，造成畸形。最后桃小食心虫蛀入果心，食害种子，其粪便排在隧道内，形成“豆沙馅”。

2. 生活习性

桃小食心虫在甘肃一年发生一代，以幼虫做冬茧在土中越冬，翌年 5 月下旬至 6 月上旬开始出土，6 月中旬至 7 月中旬出土最多，当土壤湿度大时，出土集中。越冬幼虫出土后，在缝隙间结成夏茧。成虫在 7 月中下旬最多，羽化后 2～3 天即产卵，卵主要产在萼洼及梗洼处，经 6～7 天孵化为幼虫，孵化的幼虫咬破果面钻入果内，蛀入后孔口冒出水珠状果胶，老熟的幼虫在 8 月中下旬开始脱果，入土化冬茧。

3. 防治

（1）处理树盘　在 5 月下旬至 6 月上旬越冬幼虫开始出土期，用 25%辛硫磷300倍液或40%毒死蜱乳油500倍液喷在树冠下土壤中，杀灭出土幼虫。

(2) 树上用药　6月上中旬，加强树上观察，当虫卵果率达1%以上时，树上喷30%桃小灵1500倍液或40%毒死蜱乳油1000倍液+25%灭幼脲3号800倍液、4.5%高效氯氟氰菊酯1000倍液+5%氟铃脲2000倍液进行防治。

(3) 干扰交配　从6月下旬开始，在果园内悬挂桃小食心虫性诱剂，每亩用诱芯7～10个，诱杀雄虫，干扰交配，减少产卵量。

(4) 覆盖树盘　用膜覆盖树盘，抑制越冬幼虫的出土，可减轻危害。

(5) 控制虫源　生长期及时摘除虫果，集中销毁，控制虫源。

(十三) 顶梢卷叶蛾

顶梢卷叶蛾是危害叶片和果实的害虫。

1. 危害状

顶梢卷叶蛾以幼虫危害，越冬幼虫在4月初出蛰活动，幼虫爬到新梢嫩叶上，吐丝将几片叶缀在一起，5月下旬至6月初，成虫产卵于叶片及果实上，初孵的幼虫分散在叶片背面，长大后即各自卷叶危害，或将叶果粘连，食害果面。

2. 生活习性

顶梢卷叶蛾每年发生2～3代，以幼虫在10月上旬前钻入老翘皮下或树杈皮缝里做白茧越冬，翌年4月初出蛰，5月下旬化蛹，越冬代成虫羽化期在5月中旬至6月中旬，盛期在5月下旬至6月上旬。第一代成虫出现在6月下旬至7月下旬，盛期在7月上中旬，第二代成虫出现在7月下旬至8月下旬，盛期在8月上中旬。成虫白天不活动，静栖在树冠内阴暗处，傍晚在叶背产卵。

3. 防治

(1) 降低越冬基数　冬剪时，细致剪除树上干橛及被害梢头，刮翘皮，并清扫落叶、杂草，集中烧毁，消灭越冬幼虫。

(2) 喷药防治　4月中旬花序伸出时，喷10%吡虫啉可湿性粉剂5000倍液或25%灭幼脲3号1500倍液、50%蛾螨灵1500倍液；5月中下旬落花后，喷50%辛脲乳油1500倍液、20%杀铃脲悬浮剂8000倍液；6月份喷1.8%齐螨素2000倍液、4.5%高效氯氟氰菊酯800倍液；8～9月份喷48%乐斯本2000倍液或10%吡虫啉5000倍液防治。

(3) 诱杀成虫　利用该种成虫具有趋光性的特性，每1～2hm^2安装一盏频振式杀虫灯，诱杀顶梢卷叶蛾成虫，减少田间产卵量，控制危害。

(4) 利用天敌防治　从5月下旬开始，每4～5天释放一次赤眼蜂，连续5～6次，增加田间寄生蜂的数量，提高对顶梢卷叶蛾的控制效果。

（5）利用性诱剂　5月下旬开始，在田间悬挂性诱剂，干扰交配，减少产卵量。

（十四）山楂红蜘蛛

1. 危害状

山楂红蜘蛛主要危害叶片，使叶片褪绿变黄，失去营养功能，常造成早期落叶，干旱年份危害严重时，叶片像火烧状，严重影响树体发育。

山楂红蜘蛛以若虫和成虫在叶片上吸取汁液，被害叶片褪绿呈现小白点。山楂红蜘蛛常群集叶背，拉丝做网为害，卵产在叶背主脉两侧及丝网上。其春季多集中在树冠内膛叶丛上为害，到第二代后，逐渐向树冠中上部和外围枝上扩散。

2. 生活习性

山楂红蜘蛛一般一年发生6～7代，以受精雌成虫在枝干裂缝和近树干基部的土块缝隙中越冬，苹果花序分离时出蛰，落花后7～10天为第一代卵孵化期，以后世代重叠，繁殖量增大。6～8月为繁殖盛期，9月下旬开始发生越冬型雌虫，10月大部分潜伏越冬，高温干旱的气候有利发生，阴雨潮湿天气发生较轻。

3. 防治

（1）人工诱杀　秋季出现越冬型雌虫时，在树干和树枝上捆扎草把，诱集越冬型雌虫，冬季集中烧毁，减少越冬数量。

（2）刮翘皮，减少虫量　早春彻底刮除树干（枝）上所有的翘皮，并用刷子等工具杀死树上残存的虫体，烧毁所刮树皮。

（3）药剂防治　萌芽前细致喷一次波美度5°Bé石硫合剂，可很好地控制危害。如田间害虫数量大，可在花序分离至开花期，再喷一次波美度0.5～1°Bé石硫合剂，落花后10天左右喷1.8%阿维菌素5000倍液、24%螨危悬浮剂4000倍液、20%三唑锡悬浮剂1500倍液、5%尼索朗乳油2000倍液进行防治。

（4）释放捕食螨　每年的3～9月，当叶均山楂红蜘蛛（卵）达2头时，于傍晚每株挂一袋捕食螨，在包装袋上方两侧各剪一个1～2cm的开口，释放捕食螨，控制危害。

（十五）苹果黄蚜

苹果黄蚜是危害叶片的主要害虫。

1. 危害状

苹果黄蚜主要群集在新梢嫩芽和叶面上为害。初期叶片周缘下卷，以后叶片向下弯曲或稍横卷，密布黄绿色蚜虫和白色的蜕皮，严重时影响树体生长。

2. 生活习性

苹果黄蚜每年发生10代，以卵在枝条裂缝、芽旁越冬，芽萌发时开始孵化，4月上旬开始孵化出若虫，5～6月春梢生长期危害严重，6月起有翅胎生雌蚜大量发生，并向周围宿主转移，6～7月为繁殖高峰期，危害严重，10～11月，产生有性蚜，交尾后产卵越冬。

3. 防治

（1）喷药防治　在苹果花芽裂开、虫卵孵化盛期，喷布40%蚜多灭乳油1500倍液、20%灭扫利乳油3000倍液、5%吡虫啉乳油3000倍液；果树生长期喷5%抗蚜威1500倍液、40%乐斯本2000倍液防治。

（2）诱杀　利用其对黄色有趋性的特性，田间悬挂黄色粘虫板进行诱杀；利用其在枝条裂缝产卵的特性，于8月底在树干上绑诱虫带，等第二年2月底或3月上旬集中销毁，具有一定的防治效果。

（十六）苹果绵蚜

苹果绵蚜为检疫性害虫，近年来，在苹果产区呈现危害逐渐加重的态势。

1. 危害状

苹果绵蚜主要集中于枝干上的剪锯口、病虫导致的伤口、翘皮裂缝、新梢叶腋、果柄、梗洼、萼洼及根部危害。被害部位附着蚜虫和宿主组织受刺激形成的肿瘤，并覆盖着大量的白色絮状物。根部受害形成根瘤。树体受害后，长势衰弱，产量降低。

2. 生活习性

苹果绵蚜一年发生15代左右，以若蚜在枝干伤疤裂缝内和近地表根部及根蘖上越冬，5月上旬越冬若蚜长成成蚜，产生第一代若蚜，开始原地为害。5月下旬至6月是全年繁殖盛期，1龄若蚜四处扩散，7～8月数量减少，9月中旬后又有增加，11月中旬蚜虫陆续进入越冬状态。

3. 防治

（1）清园　剪除带虫枝条，刮除虫瘤粗皮，减轻危害。

（2）喷药防治　苹果树发芽前，全树喷布对蚜虫有较好防效的10%吡虫啉1000倍液，或90%万灵1000倍液，或48%乐斯本1000倍液，也可喷95%机油乳剂150倍液；4～5月苹果树开花前后和8～9月大发生时用3000倍万灵、啶虫脒或1500倍吡虫啉、乐斯本（毒死蜱），5000倍阿维菌素轮换喷布；

9 月份继续用上述药剂喷雾，压低越冬基数。

（3）药剂灌根　苹果树开花前，用 50%辛硫磷 1000 倍液或 48%乐斯本 1000～1500 倍液灌根。

（十七）大青叶蝉

大青叶蝉是危害枝干的主要害虫。

1. 危害状

大青叶蝉秋季以成虫在幼嫩皮层下产卵，使受害枝条布满月牙状产卵裂痕，造成树体遍体鳞伤，致使树体衰弱或越冬死亡。

2. 生活习性

大青叶蝉一年发生 2 代，以卵在树皮下越冬，次年 4 月上旬卵开始孵化，5 月下旬为高峰期。成虫是杂食性害虫，第一代卵产于作物和杂草茎秆上，第一代卵在 7 月中下旬进入孵化高峰，9 月下旬成虫开始向苹果上转移，并产卵。

3. 防治

（1）清除杂草　杂草为大青叶蝉的取食宿主，又是产卵宿主，清除杂草，可降低危害。

（2）诱杀　大青叶蝉有晚秋群集秋菜取食的习性，可有计划地种植少量秋菜，进行诱集，通过集中喷药，提高防效。

（3）喷药防治　9～10 月份，成虫产卵期喷 10%吡虫啉 4000 倍液、5%蚜虱净 3000 倍液杀灭成虫。

（十八）苹果小吉丁虫

苹果小吉丁虫是一种危害枝干的毁灭性害虫。

1. 危害状

苹果小吉丁虫以成虫取食叶片造成不规则缺刻，幼虫串行蛀食危害苹果枝干的皮层。

2. 生活习性

苹果小吉丁虫每年发生一代，以老熟幼虫进入木质部或韧皮部越冬，次年 4 月开始化蛹，成虫出现盛期为 5 月下旬左右，卵产在枝干阳面的粗皮缝中和芽的两侧，卵期 10～13 天，6 月下旬孵化为幼虫，即蛀入皮下为害，至 11 月中旬停止活动，进入越冬状态。

3. 防治

① 喷药防治。5 月上中旬和 6 月中下旬各喷一次 48%乐斯本乳油 3000 倍液或 20%灭扫利乳油 3000 倍液，以消灭成虫。

② 落叶后和早春，用灭扫利原液涂抹虫疤，杀死皮下幼虫。

③ 自 7 月后，用切刀挖除枝干上的幼虫。

（十九）金龟子

危害苹果的金龟子主要有东方金龟子、铜绿金龟子和苹毛金龟子，以成虫危害花朵和叶片。

1. 危害状

在苹果出现花蕾时，金龟子群集取食花蕾、花朵和嫩叶，严重时，可将花朵和嫩叶吃光。

2. 生活习性

金龟子一年发生一代，以成虫在土中越冬，东方金龟子和铜绿金龟子出土后，在晴天、无风和气温较高的傍晚在树上危害叶片，到夜间陆续潜入土中。成虫有趋光性和假死性。苹毛金龟子在开花前后出土，成虫白天活动危害，不下树，晚上静栖在花蕾中，阴冷天潜伏土中，落花后不再危害。

3. 防治

（1）人工捕杀　利用其假死性，可在傍晚人工击震树干，震落捕杀成虫。

（2）诱杀　利用成虫的趋光性，在田间设置黑光灯诱杀，减轻危害。

（3）药剂防治　成虫危害期喷 5%辛硫磷乳油 1000～1500 倍液喷防。

（二十）旋纹潜叶蛾

旋纹潜叶蛾是食叶的重要害虫，发生严重时，造成树势衰弱，产量降低。

1. 危害状

幼虫孵化后蛀入叶内危害，受害处表皮形成同心轮纹状枯斑。

2. 生活习性

旋纹潜叶蛾一年发生 4～5 代，以蛹在落叶上的白色丝茧内、树的翘皮裂缝里、主枝分叉处越冬，翌年 4 月开始羽化，5 月初为羽化盛期，5 月下旬为第一代成虫发生期，7～10 月为第 2～5 代幼虫发生盛期，6～9 月为第 1～4 代成虫羽化期，一般各代发生不整齐，世代重叠。成虫有避光性，飞翔力差，仅在树冠外部枝叶茂密处活动，喜在光洁老叶背面产卵。成虫寿命一般 9～15 天，成虫羽化后即可交尾、产卵，羽化盛期即为产卵盛期。

3. 防治

（1）消灭越冬虫源　休眠期刮除老翘皮，清除果园落叶，减少越冬虫口基数，为全年防治打好基础。

（2）喷药防治　在越冬代及第一代成虫盛发期，喷布10%蛾螨灵、20%灭扫利乳油3000倍液防治，以后根据田间发生情况，随时用药防治，控制危害。

（二十一）苹果蠹蛾

苹果蠹蛾是危害果实的检疫性虫害。

1. 危害状

幼虫一般从果实胴部蛀入，可转果危害，一头幼虫能咬几个苹果，造成果实脱落，影响品质，甚至不能食用。

2. 生活习性

年发生代数少则1代，多则4代。成虫有趋光性。幼虫从蛀果到脱果通常需1个月左右。幼虫老熟后脱果爬到树干裂缝处或地上隐蔽物以及土中结茧化蛹，也有在果内、包装物及贮藏室化蛹。苹果蠹蛾主要以幼虫或蛹随运输果品和繁殖材料远距离传播。成虫可近距离传播。

3. 防治

（1）加强检疫　严密监测，严禁发生区虫果外运，加强调运检疫。

（2）诱杀幼虫　发现害虫及时清除，可采用刮树皮、树干上束草环等办法消灭、诱杀幼虫。

（3）诱杀成虫　成虫期在果树上悬挂卫生球，阻止其交尾，采用性诱剂诱捕，用频振式杀虫灯诱杀成虫。

（4）喷药防治　在第一、二代幼虫期喷50%蛾螨灵1500倍液、50%辛脲乳油1500倍液或20%杀铃脲悬浮剂8000倍液进行防治。

（二十二）金纹细蛾

金纹细蛾主要危害叶片。

1. 危害状

金纹细蛾以幼虫潜入叶表皮下危害，受害叶仅留上下表皮，上表皮拱起，下表皮皱褶。虫斑呈长椭圆形，长10mm左右。

2. 生活习性

金纹细蛾一年发生5代，以蛹在落叶虫斑内越冬，次年发芽时，开始羽化。成虫有趋光性，通常成虫在嫩叶背面产卵，卵呈单粒散生状，卵孵化后，幼虫开始为害。幼虫在虫斑内化蛹，经6～10天，便可羽化。越冬代成虫在5月下旬至6月上旬出现，第一代成虫在6月下旬至7月上旬出现，第二代成虫在7月下旬至8月上旬出现，第三代成虫在8月下旬至9月上旬出现，9月中旬前出现的幼虫为害一段后，开始化蛹越冬，10月以后出现的幼虫多不能越冬，常被冻死。

3. 防治

（1）细致清园，减少产卵量　结合清园，彻底清扫落叶，集中烧毁，消灭在残叶中越冬的虫蛹，修剪时，清除根蘖苗，防止产卵。

（2）药物防治　在5月下旬至6月上旬越冬代成虫发生盛期，喷50%蛾螨灵1500倍液、50%辛脲乳油1500倍液或20%杀铃脲悬浮剂8000倍液进行防治。

（二十三）介壳虫

介壳虫是同翅目蚧科的昆虫，是果树上最常见的害虫，大多数虫体上被有蜡质分泌物，即介壳。对苹果生产造成严重危害的介壳虫主要有梨圆蚧和康氏粉蚧。

1. 危害状

梨圆蚧常以若虫群集于枝、果上，吸取植物汁液为生，使枝势衰弱；危害果实时，果面受害处呈红色圆圈状，严重时会造成枝条凋萎或全株死亡。介壳虫的分泌物还能诱发煤污病，危害极大。

康氏粉蚧前期主要群集在细嫩的叶脉及花蕾处吸食汁液，可造成幼果畸形脱落；危害果实时，成虫和若虫多在果实萼洼处吸食汁液，被害处出现许多褐色圆点，上面附着有白色蜡粉。

2. 生活习性

梨圆蚧一年发生2代，以2龄若虫在树枝干、僵果上越冬。次年芽萌动后开始为害，4月下旬左右雌体膨大，雄虫化蛹，4月下旬至5月上旬出现越冬代成虫，较集中，交尾后雄虫死亡。雌虫在6月间产卵，每头雌虫产卵50～300个。不久，孵化幼虫便从母体壳下爬出，危害果、枝，吸食3～4天后，体背便出现介壳，介壳下的若虫蜕皮时，将触角和足全部蜕掉，变成了卵圆形、扁平、不活动的若虫。2龄时，雌、雄分化，危害20天左右，变为成虫，第二代成虫在7月中下旬至8月上旬出现，若虫在8月中下旬至9月上旬出现，分散危害。

康氏粉蚧一年发生5代，以卵在根颈周围土壤中、树皮裂缝、环剥口等部位越冬，3月上中旬萌芽期卵孵化，5月上旬若虫转果危害，5月下旬越冬代成虫出现，8月上旬出现第一代成虫，9月中旬出现第二代成虫。

3. 防治

（1）细致清园，减少越冬基数　结合冬剪，剪除有若虫的枝条，刮除老翘皮，集中烧毁，消灭越冬若虫及卵。量少时用硬刷刷除。

（2）药物防治　在休眠期喷5%柴油乳剂或波美度5°Bé石硫合剂，杀灭越冬害虫。从5月中下旬开始，于6月上旬、7月下旬、8月上旬据田间危害情况适期用药进行喷防，可选用40%乐斯本1500倍液或25%优乐得1000倍液、40%速扑杀1000倍液、3%啶虫脒乳油2000倍液喷防。

第十一节　强化灾害防控，为精品苹果生产保驾护航

近年来，气候反常现象明显，春季低温冻害、扬沙，夏季高温干旱、冰雹，秋季雨涝等自然灾害频繁发生，严重地威胁苹果生产的安全进行。

一、冻害的发生及防治

1. 冻害发生的一般规律

冻害是北方果树生产中的主要灾害之一，在受害轻的情况下，常发生小枝抽条，影响发芽生长，花芽受冻，导致低产；受害重时，常导致大树死亡。根据生产观察，果树发生冻害有以下规律：

（1）发生冻害的时间　除特别寒冷的冬季外，一般忽冷忽热的气候条件下易发生冻害，特别是在秋末冬初剧烈降温或春季乍暖还寒的情况下，果树最易受冻，主要是因为树体内的水分处于时冻时消的状态，抗寒力差。

（2）冻害频繁发生的地点　在低洼地、山梁及风口处的果树最易发生冻害。低洼地冬季冷空气积聚时间长；山梁及风口处风大气温低，冻害发生频繁。

（3）最易发生冻害的年份　冻害常发生在冬季低温出现得早而持续时间长的年份，且冬季低温出现得越突然，冻害发生率越高。

（4）树体易发生冻害的部位　果树的花、枝、主干、根颈、根系都可发生冻害，其中最常见的是花芽冻害及根颈冻害。花芽抗冻力弱，冬初及春季起伏不定的气温常导致花芽受冻。根颈部停止生长最晚而开始生长活动最早，加之近地表温度变化也较大，所以根颈部易受低温及变温伤害，使皮层受冻。另外枝杈处也易发生冻害，由于枝杈处年轮较窄，木质部导管欠发达，上行液流供

应情况不良和此处营养积累少，易发生冻害。在果树枝中，一般枝龄越小，越易受冻。一年生枝的抗寒性较二年生的差，二年生较三年生的差，秋梢较春梢差、侧枝差于主枝，主枝差于主干。

(5) 管理措施对冻害的影响　一般秋季浇水过多或施氮较多，果树不能适期停长，冬季低温出现，生长不充实的组织易发生冻害。

2. 冻害防治基本措施

生产中可从以下几方面着手防止冻害的发生，减轻危害：

(1) 适地建园　园址应选在避风向阳、地下水位低、土层深厚处，避免在阴坡风口、高水位和瘠薄地建园，提倡在1月份平均气温－10℃以上的地区发展苹果生产，否则易发生抽条现象。

(2) 选用抗寒砧木　像苹果砧木中山定子、海棠果、陇东海棠、西府海棠等抗寒性均较强。

(3) 幼树越冬保护　在年周期管理中采用前促后控的方法，使新梢适时停长并发育充实，增加营养物质积累，以提高树体抵御不良环境的能力。注意防止大青叶蝉为害造成伤口。寒冷地区定植当年应进行埋土防寒，第2年和第3年用塑料薄膜缠绕苗木的枝干，以保护其越冬。

(4) 防霜冻　出现急剧降温最易对果树形成冻害，花期密切关注天气预报。在有霜冻发生前，进行果园灌水，利用水热容量大的性质，减轻霜冻危害。也可在果园内点燃湿柴草或发烟剂，使果树得到烟幕层的保护，冷空气不能下沉，以防霜冻花器。霜冻发生后，及时喷20mg/kg的赤霉素、600倍液的益果灵或宝丰灵、0.2%的硼砂、250倍液的PBO等，均可显著地提高坐果率。

二、苹果花期冻害防控经验

笔者从2006年开始，连续多年对陇东地区花期冻害现象进行观察，并探索有效防治措施，现将有关情况总结如下，供广大生产者参考：

1. 苹果花期冻害发生的条件

苹果花期及幼果期花果抗寒力弱，易受冻成灾。一般苹果花芽受冻临界温度是－4℃，花期承受的极限温度是：蕾期－3.8～－2.8℃，开花期－2.2～－1.7℃，幼果期－2.5～－1.1℃。苹果花期如果遇－4℃以下低温，就会发生冻害，而且低温出现在整个开花物候期越靠后，越易受灾。

2. 影响冻害发生轻重的因素

苹果花期冻害受多重因素影响，在不同年份、不同地区、不同品种间表现差异较大，其主要影响因素有：

（1）低温发生的早晚　在整个花期物候期，越到后期，花器对低温的耐受力越差，花蕾期可耐受短时−3.8℃的低温，而开花期和幼果期则温度降到−2.2℃就会发生冻害，因而在整个花期，冻害发生越晚，则造成的损失越大。

（2）低温持续的时间长短　冻害发生时，低温持续的时间与冻害发生的严重程度呈正相关，一般低温持续的时间越长，冻害发生得越严重，造成的损失越大；低温持续的时间短，则冻害发生的程度相对较轻。

（3）品种不同，其抗寒力是不一样的　根据多年观察，目前生产中栽培的主要品种，元帅系苹果抗冻性最差，每年发生冻害的程度最严重，富士系较元帅系抗寒，秦冠较普通富士抗寒，寒富较秦冠抗寒，金冠抗寒性较强，每年发生冻害的程度最轻。

（4）栽培区域不同，冻害发生的频率是不一样的　在我国总体上冻害发生呈现由东向西、由南向北逐渐加重的趋势，特别是在苹果栽培适生区的边缘地带，冻害发生频率高。

（5）果园所处的地理位置不同，冻害发生的轻重是不同的　果园所处的地理位置是影响花期冻害的一个重要因素。一般花期冻害多以霜冻为主，且大多为平流霜冻。我国劳动人民经多年观察，总结出“风吹坡坡，霜杀窝窝”的农谚，说明低洼的地方易发生花期冻害，主要是冷空气易积聚在低洼的地方，导致低洼地方低温持续时间长，发生冻害严重；而在山坡地带，由于空气流畅，冷空气停留时间短，冻害发生相对轻一些。

（6）田间作业也是影响冻害发生轻重的重要因素之一　据多年观察结果，凡是管理精细、结果适量的果园，树势健壮，抗冻性较强，冻害发生得轻；而管理粗放、结果过量的果园，则冻害发生得就严重。花期前后浇水的果园较没浇水的果园冻害发生得轻。

（7）花芽着生部位不同，冻害发生的轻重是有区别的　通常中长枝上的顶花芽最易受冻，而超短枝顶花芽受冻较轻，腋花芽分化晚，开花迟，通常有可能避开晚霜危害。

（8）防护措施的有无，对霜冻危害也有一定的影响　据甘肃张掖试验，在果园周围营造防护林，可改善园地小气候，减轻霜冻危害。据测试，在霜冻时距防护林60m内金冠花器受冻率为14.2%，而60m以外为80.7%。

3. 预防措施

花期冻害对苹果生产影响较大，轻者会造成减产，严重发生时会导致绝收，因而对防治工作要高度重视。根据甘肃的经验，较有效的防治措施有：

（1）合理规划，提高建园质量，为防止晚霜危害打好基础　在苹果生产中应坚持适树适栽的原则，尽量在优生区发展，要控制在次适生区及非适生区种植苹果。在适生区发展时要避免在梁峁、风道、低洼地方建园，在平原地区建园时应每隔50～60m栽植一道防风林带，提高果园保护效果。

（2）合理选择栽培品种　在适生区的西北部边缘地带，要注意栽培品种的选择，应选择抗寒性强的品种栽培，以减轻灾害损失。

（3）采取综合措施，推迟花期，以避免霜冻现象的发生

① 早春树体涂白或喷白，以反射光照，减少树体对光能的吸收，降低冠层与枝芽的温度，这样做可推迟开花3～5天。涂白剂的配方是：生石灰10份、食盐1～2份、水35～40份，再加1～2份生豆汁，以增加黏着力。也可以用10～20倍液的石灰水喷布树冠。

② 春季灌水或喷水。苹果树发芽后至开花前灌水或喷水1～2次，减缓地温上升的速度，可显著降低果园地温，推迟花期2～3天。

（4）加强栽培管理，增强树势，提高树体抗冻能力　通过强化肥水管理、适量留果等措施，保持树体健壮，提高花芽质量，增强树体抵御低温的能力。

（5）密切注意天气预报，做好霜冻预防工作　目前较有效的措施有：

① 在果园中安装防霜机。防霜机工作时，通过叶轮的旋转可搅动空气促其流通，减少冷空气在果园中的停留时间，减轻危害。

② 短时间、小幅度的降温可采用果园熏烟的方法。通过熏烟，在果园上空形成一层烟雾保护层，防止霜冻的发生，有一定的效果。熏烟防治时可根据天气预报和果园实测温度，在霜冻来临前（在园内气温接近0℃时），利用锯末、麦糠、碎秸秆或果园杂草落叶等交互堆积作燃料，堆放后上压薄土层或使用发烟剂（2份硝酸铵、7份锯末、1份柴油充分混合，用纸筒包装，外加防潮膜）点燃发烟。烟堆置于果园上风口处，一般每亩果园点4～6堆（烟堆的大小和多少随霜冻强度和持续时间而定）。熏烟时间大体从夜间0时至次日凌晨3时开始，以暗火浓烟为宜，使烟雾弥漫整个果园，至早晨天亮时可以停止熏烟。

③ 喷营养液或化学药剂防霜。

a. 喷果树防冻剂。在霜冻来临前1～2天，喷果树防冻液加PBO液各500～1000倍液，防冻效果较好。也可喷施自制防冻液（琼脂8份，甘油3份，葡萄糖43份，蔗糖44份，N、P、K等营养素2份，先将琼脂用少量水浸泡2h，然后加热溶解，再将其余成分加入，混合均匀后即可使用），喷施浓度为5000～8000倍液。

b. 喷营养液。强冷空气来临前，对果园喷布芸薹素481、天达2116，可以有效地调节细胞膜通透性，能较好地预防霜冻。

4. 冻害发生后的补救措施

① 充分利用好剩余花，提高产量。冻害发生后，树上剩余的花显得弥足珍贵。由于花芽所处的位置不同，花芽质量是有差异的，在冻害发生后，会有部分开放时间晚、质量好的花避过冻害保存下来，特别是短枝的顶花芽及腋花芽，由于开放较迟，通常情况下，受冻较轻。对这部分花芽要充分利用，可通过辅助授粉，并喷施 0.3%硼砂＋1%蔗糖液或芸薹素 481、天达 2116，确保有效授粉，正常结果，以提高坐果率，促进产量提高。

② 霜冻发生后及时对树冠喷水，可有效降低地温和树温，从而有效缓解霜冻的危害。

③ 花期受冻后，在花托未受害的情况下，喷布天达 2116 或芸薹素 481 等，可以提高坐果率，弥补一定的产量损失。

④ 加强土肥水综合管理。及时施用复合肥、硅钙镁钾肥、土壤调理肥、腐殖酸肥等，养根壮树，促进根系和果实生长发育，增加单果重，挽回产量，以减轻灾害损失。

⑤ 加强病虫害综合防控。果树遭受晚霜冻害后，树体衰弱，抵抗力差，容易发生病虫危害。因此，要注意加强病虫害综合防控，尽量减少因病虫害造成的产量和经济损失。

三、干旱的防控

我国北方春旱、伏旱现象发生的频率高，对苹果生产危害严重。我国北方绝大部分苹果产区水资源缺乏，没有灌溉条件，干旱现象的预防应立足于提高天然降水利用率，以减少土壤水分蒸发损失为主。苹果生产中应用的主要措施包括：

1. 沟道拦坝蓄水，减少地表径流，为果园灌溉提供水源

静宁县果农面对干旱的不利影响，在沟道中拦坝蓄水，将雨天地表径流聚集起来，在干旱季节通过逐级提灌用于浇灌山地果园，补充土壤水分，很好地解决了土壤水分短缺问题，促进了苹果生产的发展。

2. 增施有机肥，提高树体的抗旱能力

增施有机肥，可提高土壤中腐殖质的含量，提高土壤贮水能力，在降水时，腐殖质就像海绵一样将天然降水吸收贮存起来，供干旱时利用。

3. 覆盖保墒

这是干旱地区果园较有效的抗旱措施，通过在果园地表覆盖一层地膜、杂草或砂石，减少土壤水分的蒸发损失，提高果园土壤水分的利用率，从而保证树体生长结果的正常进行。利用地膜覆盖最好在秋冬季墒情好时进行，可最大限度地提高降水的利用率。同时秋覆膜可显著地延缓地温下降，延长根系的生理活动期，明显增加果树的新根数量，增强树体的吸收功能，促进土壤微生物活动，防止叶片过早脱落，对于树体的养分积累是非常有益的。秋覆膜一般在秋施基肥后、土壤封冻前进行。秋雨多的年份可适当延迟进行，秋雨少的年份应适当提前。覆膜时可垄覆，也可平覆，一般垄覆效果较平覆好，有利于提高水分利用率。

杂草和砂石可随时进行覆盖，应用这两种材料覆盖的，下雨天，雨水可通过草或砂石缝隙渗透到土壤中，补充土壤水分；而干旱太阳晒时，草或砂石可阻止土壤水分的蒸发损失。

4. 山旱地果园可推广穴施肥水技术

在树盘内挖 5～7 个深 60～80cm 的坑，用麦草或玉米秸秆绑成草把，将草把浸透水放入坑内，坑口用塑料膜覆盖，根据坑内草把的干湿程度，随时补充水分，为果树生长提供水源。在补水的同时，最好加入速效性肥料，以达到肥水同补的效果。

5. 施用蒸腾抑制剂，减少植株的蒸发损失

生产中可通过喷施黄腐酸、甲草胺乳胶、丁二烯丙烯酸、高岭土和 TCP 植物蒸腾抑制剂等，以降低植物蒸腾作用，减少植株水分损失。

6. 通过合理修剪，调节树体枝量，减少蒸腾失水

干旱地区在修剪时要适当重剪，通过疏枝、疏果，减少枝叶量和结果量，从而减少树体蒸腾失水面积和需水量，从而达到节水、抗旱的效果。

7. 推广节水浇灌方法

有浇水条件的，应积极采用喷灌、滴灌等现代浇灌方法，适时定量补充土壤水分，克服干旱的不利影响，促进苹果产量和质量的提高。

8. 长时间干旱而水源不足的地区防旱措施

可推广“果园起垄覆膜＋小沟灌水”技术进行节水灌溉，尽快解除旱情；对于无灌溉水源、旱情发生又较重的地区，提倡实施果园地膜覆盖、穴贮肥水技术，或树盘覆膜渗灌技术。用小量的水缓解旱情，减轻危害。

四、雹灾危害及防控、补救措施

1. 冰雹对苹果生产的危害

近年来雹灾在苹果产区频繁发生。雹灾发生后，苹果树体受到不同程度的机械损害，地上部分受损，光合作用受到严重影响，严重时树上叶果全部被打

落，树体遍体鳞伤，生长结果受阻，造成极大的经济损失。冰雹不但造成当年减产，对以后3～5年的产量形成也非常不利。

2. 冰雹灾害的防控技术

（1）区划种植、避雹建园　冰雹形成于具备一定气象条件的积雨云中。形成冰雹的积雨云区比较狭窄，并常沿山脉、河谷移动，具有明显路径，即“雹打一条线”。冰雹的发生还与地形地貌有关，一般表现为山区多平原少、秃山多林地少、迎风坡多背风坡少。因此，各地在发展苹果生产时，应在对冰雹发生特点、当地地形地貌和冰雹路径充分了解的基础上进行栽培区划，避开在冰雹易发地带选址建园。

（2）人工防雹

① 爆炸法。该方法通过高空爆炸物爆炸时产生的冲击波影响冰雹云的气流，使冰雹云改变移动方向，也使过冷的水滴冻结，从而抑制冰粒增长，而小冰雹易融化为雨。

② 化学催化法。利用火箭或高射炮把带有催化剂（碘化银）的弹头射入冰雹云的过冷却区，药物的微粒起冰核的作用，过多的冰核可使过冷的水滴冻结而不让雹粒长大或拖延冰雹的增长时间。

③ 保护栽培。果实套袋是优质果品生产的一项重要措施，也是减轻雹灾损失的有效方法。

④ 使用防雹网。在果园架设防雹网（图3-23），可减轻冰雹灾害损失。防雹网指在果园上方架设专用的尼龙网或铅丝网，阻挡冰雹冲击从而起到保护果树的作用。

图3-23　在苹果园架设防雹网

3. 雹灾发生后的补救措施

（1）清理果园，减少病原　及时清理果园内沉积的冰雹、残枝落叶及落果等；对于雹灾过后有淤泥积水的果园，应及时排出积水，清除淤泥，露出果树枝干。此外，每隔 10～15 天喷 1 次杀菌剂（如菌毒清、杀菌王、菌必清、多菌灵等），连喷 2 次，以减少病原，预防病菌侵入。

（2）疏松土壤，养根壮树　雹灾发生后应连续翻刨土 2～3 次，不仅可散发土壤中过多的水分，改善土壤的通透性，还可恢复和促进根系的生理活性，从而达到养根壮树的目的。

（3）追肥补养，恢复树势　首先是叶面喷肥，每隔 10 天喷 1 次 0.3%磷酸二氢钾，连喷 2～3 次，可及时解决树体营养不足的问题；其次是地下追施氮磷钾复合肥，每株 0.5～1kg。在苹果树恢复生机后，施肥以农家肥为主，并配合适量化肥。干旱时，结合施肥进行灌水。

（4）伤口保护　受灾果树由于有大量的伤口，给腐烂病病菌造成可乘之机，加之叶片被打光，树势衰弱，导致腐烂病大流行，因而防治腐烂病成为管理的重要一环。应根据病疤发生情况，进行有针对性的救治。对于病斑小于枝粗 1/2 的，可彻底刮除烂皮，涂抹拂蓝克、施纳宁、菌毒清等进行治疗；如病斑大于枝粗 1/2 的，就没有治疗价值了，即使刮治了，也结不出好果实，不如彻底锯除。

（5）疏果　灾后及时去除雹伤严重的残次果，以节省养分，尽快恢复树势。

（6）修剪　受雹灾的果园由于地上部分和地下部分平衡被严重破坏，在冬剪时应进行重剪，以建立新的平衡体系。修剪时应做到：

① 锯除严重腐烂的树枝。对于已腐烂枯死或烂疤较大的树枝应彻底锯除，以控制腐烂病的蔓延。

② 去烂留健，去重留轻。苹果枝条受雹灾后，多呈半面正常生长，半面严重受伤。枝条生长状况不同，危害程度是不一样的。一般直立枝受伤较轻，枝越平展，受伤越重。在修剪时，应根据枝条愈合情况，尽可能选留较完好的、受灾轻的枝条，这部分枝条养分运送途径通畅，将来能结出好果子。对于烂枝、受灾较重的枝可疏除，以刺激附近隐芽萌发，抽生新枝，形成新的结果群体。

③ 能保则保，不保则伐。雹灾后，有相当部分苹果树将面临被挖除的局面，是挖是保留，不但要看树体受伤情况，同时也应参考树龄。一般对于树龄小（小于 10 年）、主干受灾较轻的树，如果枝条愈合不太好，可采用留有 2～3cm 重短截的方法，恢复树冠。由于枝条重短截后，可集中养分供给，并且

由于有相对较强大的根系，可促进抽生长枝，加快树冠恢复，同时可有效地拉开枝干比，有利于培养丰产高光效的树形，这样经过一年的恢复，第三年就可形成产量，第四～五年就可恢复产量。对于树龄10～20年的树，则可不必过分地强调树形，以维持一定的产量为目的，尽可能地保留通用枝条，以促进产量的提高。对于树龄在20年以上的树，由于本身树体老化，结果能力开始下降，如受灾严重，则应痛下决心，进行间伐，重新建园。

五、苹果生产中的风害及预防新方法

风害是苹果生产中的主要自然灾害之一。风害发生后，轻者枝条间相互碰撞摩擦，导致果实受伤，降低商品率，特别是套袋苹果生产中，会将果袋吹落；严重发生时，常常将果实吹落一地，给生产造成极大的损失。

风害的发生很有规律，在黄土高原山地丘陵产区，风害以山脊、川道风口处发生严重，山湾处通常较轻；在垂直方向，海拔越高，风越大；发生季节，以春末夏初发生为主，特别是暴雨前常伴有大风，即群众总结的“风是雨的头”。

传统的风害预防以建设防风林带为主，通过林带减缓风力，减轻危害。近年来，静宁群众创造性地应用遮阳网搭建风障（图3-24），起到了很好的防风效果。

图3-24　果园遮阳风障

苹果园用遮阳网建风障具有成本低、建设速度快、防风效果好、拆除容易、使用寿命长的特点，一般每亩投资在300元以内，一亩果园的风障1～2天可建成。遮阳网可极大地减缓风速，将风害损失降低，同时，遮阳网的网孔可通风，可有效地防止风将风障吹倒。在果实采收后，将遮阳网取下收藏，来年再用，一般一幅网子可用三年。

遮阳网风障的建设：根据当地主要风向，在迎风面于果园边上，每隔1.5～2m，埋一根长3.5m左右的木桩，埋深0.5m以上，用于固定遮阳网，在风害季节来临前，将高2～2.5m的遮阳网固定到木桩上，通常每根木桩上绑8～10道，为了拆除方便，可用塑料袋绑扎，绑时可绑成活扣，风障的长度应略长于果园，在地头要适当拐折，以提高防风效果，遮阳网绑好后，在木桩上应设拉绳，在迎风面的反方向，地上或埂上打桩固定，防止大风将风障吹倒，拉绳可用铁丝，固定拉绳的木桩应结实。

第十二节　进行功能性苹果生产，提高苹果附加值

给苹果外表皮印上喜庆吉祥的话语，给果实导入具有保健功能的SOD（超氧化物歧化酶）、钙、硒、锌、钼等人体需要的微量元素，生产出“SOD”苹果、富硒、富钙、富锌、富钼苹果。这类具有祝福和保健功能的天然生态苹果，可有效地提升苹果的价值，促进苹果生产效益的提高。

一、苹果印字技术

套袋苹果在脱袋后，利用苹果着色和光学原理，及时将带有粘胶、印有字或图案的薄膜粘到苹果的向阳面，在苹果上色过程中，字或图案可遮光，保持黄色，其他部分会上色（呈现红色），这样就可形成各种艺术字体和图案（图3-25）。苹果生产中印字措施应用中应注意：

1. 选择优良果实贴字

贴字果价值较高，生产中应选择着色好、色相片红、果形周正、高桩、果面光洁、无机械损伤、无果锈、无霉污、无病虫危害，果实横径在85mm以上的果实贴字或图案。

2. 选择的图案要美观、环保

贴字用的文字、图案应尽量选择笔画粗壮厚重、清晰大方的字体和图案，以保证贴字效果赏心悦目。同时，使用中应拒绝用劣质工业胶，谨防劣质工业胶污染果面，引发小红点或导致难以清洗的胶质残留，影响果实质量安全和外观品质。

3. 贴字时间和方法要得当

一般在苹果除袋后果面无水珠时及早贴字。为防止贴字果发生日灼现象，

图 3-25　贴字苹果

应严格规范摘袋技术，避免一次摘袋。贴字时应避开中午高温时段。贴字时应将字膜平铺摆正，将字膜从中间向四角抚平压实，不能翘边、打褶，一般以果实向阳面贴字效果好。

二、“SOD”苹果

SOD广泛地存在于各类动物、植物、微生物中，是一种重要的抗氧化剂，能够保护暴露于氧气中的细胞。它是生物体内有害自由基的有效清除剂，对人体具有预防和治疗多种疾病、美容养颜等功效。

“SOD”苹果（图 3-26）的生产主要采用叶面喷肥的方式，将超氧化物歧化酶导入苹果果实中。一般从叶片基本长成到采摘前 20 天这段时间内，每 15 天左右喷一次 200 倍液的“SOD”微生物菌肥即可。

三、富硒苹果

硒是人体必需的微量元素之一，可提高人体免疫力，具有拮抗重金属、降解硝酸盐、抑制黄曲霉毒素毒性的功能。

富硒苹果是指利用植物的生理功能，在含硒的土壤环境中生产的产品或是利用生物工程技术将硒导入树体内，将无机的硒酸盐转化为生物化硒富集在果实中，使果实中含硒量显著提高，为人们科学补硒提供方便。

按国家相关部门制定的标准，富硒苹果中含硒量为 10～15μg/kg。

图 3-26 “SOD”苹果

生产富硒苹果的关键技术是给苹果树体导入硒，一般可通过根施或叶面喷施亚硒酸钠或施用含有硒酐和亚硒酐的有机硒叶面复合肥，通常在生长季叶面喷施硒盐或富硒肥 4～6 次，即可达富硒苹果指标。

生产中给苹果树导入硒的方法主要有：

1. 叶面喷施

一般在开花前 10 天开始，结合喷药叶面喷施氨基酸硒叶面肥 300 倍液或硒丰 5128 液态肥加微生物菌肥 600 倍液，以后每隔 15 天喷一次，到果实采摘前 25 天结束。

2. 浇施

有浇水条件的果园，可在花芽萌动期、果实膨大期结合浇水，每亩施入硒丰 5128 液态肥 3～5kg。

3. 树干注射

4～5 月将硒丰 5128 液态肥用强力注射器或园林用树木输液器在树干基部注入树体内，每亩用量 3～5kg。

四、富钙苹果

钙是人体必需的营养元素之一，缺钙易导致骨质疏松，易发生骨折现象。少年及老年人易发生缺钙现象，是补钙的主要人群。在苹果生产中通过给苹果补钙，为消费者提供高钙苹果，通过苹果这个载体，将钙转化到人体内，是科学补钙的方法之一。

苹果在生长周期中，对钙的吸收有两个高峰期：一个是谢花后 50 天以内，吸收的钙占吸收总量的 80%以上；另一个是采前 30～40 天，吸收的钙占吸收总量的 10%以上。因而补钙要重点在套袋前和采收前进行。由于钙为微量元素，一般以叶面喷施补充为主，通常套袋前叶面喷施 3～4 次，采收前喷施 1～2 次即可满足需要。

苹果补钙时要选用优质钙肥，要求所用的钙肥液体钙离子浓度在 10%以上，固体钙含量在 20%以上，溶解度应达 100%，吸收率在 80%以上。当前较好的钙制剂有 CA2000 钙宝、翠康钙宝、美林高效钙和钙中钙等。

第四章

精品苹果生产典型经验——静宁县精品秦冠生产案例分析

秦冠苹果具有萌芽率高、成枝力弱、易成花、进入结果期早、树势健壮、结果能力强、产量稳定、对修剪反应不太敏感、耐粗放管理的特点，在20世纪80年代曾一度成为我国西北黄土高原及黄河故道苹果产区的主栽品种之一。以后在20世纪90年代，随着全国苹果的超量发展，着色优系红富士品种的引进及选育，秦冠苹果的发展空间被挤压，市场迅速萎缩，大量秦冠苹果树被改接成富士，秦冠栽培面积下降。进入21世纪以来，随着苹果市场逐渐成熟，消费多元化的趋势明显，特别是俄罗斯及东南亚市场的开拓，秦冠苹果以耐贮藏、低价位的优势，销量又迅速回升。

现将静宁县精品秦冠生产技术归纳总结如下：

一、平整土地，为高效生产打好基础

西北黄土高原自然条件恶劣，山大沟深，山旱地占土地总面积的90%以上，土壤贫瘠，降水稀少，水土流失严重，在生产中应坚持走“先治理，后建园”的模式。一般在建园前，先将斜坡地整修成水平梯田，使得土壤保水保肥能力大大提高，极大地改善了苹果树生长环境，提高了生产效能，特别是近年来机修梯田的推广，使山地治理进程加快，山地果园快速发展。

二、选择良种种植

只有良种良法配套，才能生产出精品果。一个好的品种，往往可起到事半功倍之效。

1988年，静宁县从陕西礼泉调入一批秦冠苗木栽植建园，1994年在其中发现一株变异，果实着色与普通秦冠差异显著，普通秦冠套袋栽培脱袋后呈鲜浓红型，而变异种套袋栽培脱袋后呈粉红型，由于该品种性状独特，多年来售价较高，近年全国多地已引种扩繁。该品种具有以下突出优点：

（1）进入结果期早　由于结果枝类型较多，极易成花，新栽幼园一般在栽后三年即可进入结果期，高接树第二年就有产量。

（2）易丰产　由于该品种萌芽率高，成枝力强，树姿开张，容易形成树冠，叶面积大，光合作用强，同化养分多，易成花，产量高，10 年生树株产 100kg 以上，亩产 5000kg 以上。

（3）产量稳定，基本无大小年结果现象　由于秦冠结果枝类型比较多，长、中、短果枝及腋花芽均可结果，而且果台副梢连续结果能力强，自花结果率高，产量很稳定，基本上没有大小年结果现象。

（4）抗性强　该品种树势强健、树冠高大，自花结实能力强，对干旱、花期低温、夏季高温等自然灾害有较强的抵抗能力。

（5）优质　该品种果形大，高桩，果实大小均匀，脱袋后果色粉红美观，可溶性固形物含量高达 16%，肉质细嫩、松脆、多汁、品质佳。

（6）高效　该品种多年售价均在每千克 4.00 元以上，在当地基本与富士同价，每亩生产效益在 2 万元以上，生产效益较高。

三、坚持阳光栽培

风光条件在苹果生产中，对产量和质量起决定作用。

根据生产形势，近年来静宁大面积推广稀树、稀枝、稀果管理法，以提升效益为目标，以提高质量为途径，综合提升静宁苹果的市场竞争力，目前看来是较成功的。在生产中一般将种植密度控制在 33～45 株/亩，每亩枝量控制在 8 万条左右，每亩产量控制在 3000～3500kg，每亩留果 12000～14000 个，保证在生长季枝枝见光，果果向阳，以有效地提高大果和全红果的比例，实行精品化生产。

四、加强有机质的补充，肥沃土壤

土壤有机质含量是果实品质的主要决定因素，静宁在精品果的生产中，将提高土壤有机质含量作为中心措施来落实，主要通过大量施用有机肥、种植绿肥等措施，提高土壤有机质含量。有机肥的施用采用多种方法进行，以农家肥料的施用为主，配合施用成品有机肥。在精品果的生产中，将油渣、玉米面、豆粉与农家肥料配合施用，使土壤有机质得到全面提升。在大量施用有机肥的同时，推广果园种植绿肥，在 4 月清明至谷雨之间，于第一场透雨后，抓紧播种绿肥，旱地以红三叶为宜，川地以白三叶、黑麦草为主，每亩用种0.5～0.7kg，播深1.5cm，6～8月草高30cm左右时割草覆盖树盘。草腐烂后，可明显提高土壤有机质含量。

近年来，静宁在果区大面积推广畜果沼配套工程，按照每亩果园配套养殖家畜2～3头、修建一处沼气池的标准，在果区快速发展养殖业。通过畜粪入沼气池腐熟发酵，沼渣、沼液还田，改善土壤养分状况，增加土壤有机质含量，效果很理想。据在静宁果区的调查，精品果率高的果园，背后都有规模型养殖场作支撑。养殖业的发展，不但有效地解决了肥料供给，降低了果园成本，而且减少了化肥的投入，对于改善果实品质和安全生产均是非常积极的。

五、实行覆盖栽培，克服水分短缺的不利影响

静宁降水稀少，年降水量在450mm左右，与苹果实际需水量有近100mm的差距，而且静宁水资源贫乏，绝大部分果园建在山地，没有灌溉条件，水分是静宁苹果生产中的最大限制因素。缺水影响成花质量及果实膨大，严重影响了果实品质的提高。在近三十年的苹果发展过程中，静宁县在水分管理上积累了丰富的经验，形成了以覆盖保墒为主的栽培模式，大幅度地提高了天然降水的利用率，有效地克服了干旱的不利影响。

在20世纪80年代静宁苹果产业开发初期，因为对苹果习性了解较少，生产中有条件的地方多采用灌溉的方法解决土壤水分短缺的问题，由于浇水时期掌握不好，易引起枝梢旺长，影响成花质量，反而不利于产品质量的提高。从20世纪90年代开始，生产中大面积地推广覆盖栽培，通过覆沙、覆草、覆膜的应用，使得土壤水分保持均衡供给，对苹果树生长结果非常有利。

六、合理调控，促进优质高效

树体管理是生产精品果的一个重要方面，树形一定要与密度相配套。静宁大面积栽培密度为3m×4m的，主要树形采用的是改良纺锤形，结合静宁的气候特点，逐步形成了“一年定干，二年重剪，三年拉枝严管，四年挂果，五年丰产”的树形培养及早果丰产栽培技术，既简单，又符合苹果生长的特征，有很强的针对性。

初挂果期至盛果期期间树体管理的重点是拉枝及背上枝的转化。一般拉枝时采用大枝拉下垂、中枝拉平、小枝不动的方法进行，促使枝条由营养生长向生殖生长转变，以利成花结果。苹果拉枝后，易出现背上冒条现象。背上冒条的管理是生产的难点之一，如全部去掉，不利于产量的提高。静宁群众通过夏季揉枝，将枝转向，实现枝条的全利用，且实现了羽状结果，枝条主要以下垂

结果为主，所结果品质大幅提高。

对密植老果园采用逐步改造的方式，通过减株数、减枝量措施的落实，改善光照条件，促进果实品质的提高。对于严重郁闭的果园，采用隔株间伐的措施调减枝量；对于出现郁闭、影响质量的果园，采用提干、落头、疏枝等措施，改善光照条件，提高精品果的比例。

七、强化花果管理，提高精品果比例

静宁在花果管理方面很精细，以单果管理为中心，以增色和促进果个膨大、提高果实光洁度及可溶性固形物含量为目标的技术措施，推广到了果区的各个角落，果品整体质量较高。静宁在花果管理方面应用的主要措施有：

1. 保花保果

静宁苹果栽培品种较单一，加之近年来春季低温冻害频繁发生，自然坐果率较低。晚霜危害发生后，腋花芽所结果增加，影响果实正常生长，所结果果个小，果形多不正，优质果率低，因而在有霜冻危害发生时，保花保果很重要。静宁采取的有效措施有：在花期密切关注天气预报，在霜冻发生前，采取果园灌水、熏烟等措施，减轻霜冻危害；霜冻发生后，及时加强人工授粉，喷布益果灵、硼砂、PBO 等，促使坐果率提高。

2. 疏花疏果

在正常年份，富士所坐花果较多，要及时疏花疏果。静宁疏花疏果一般分三步进行，在花序露红时，按 25～30cm 间距，先疏花序，花序开放后，每个花序留单花，一般中心花所结果实性状典型，应作为选留的主要对象，疏除边花，在花后一个月左右定果，每个花序留 1 果，保证叶果比在（45～50）：1，亩产量控制在 3000kg 左右。

3. 果实套袋

在严格疏果的基础上，于花后一个月左右，果园内喷一次 800 倍液的大生 M-45＋10％吡虫啉 3000 倍液＋1.8％齐螨素 5000 倍液，然后进行套袋。套袋时一定要选择单价在 0.05 元以上的高质量纸袋，以保证套袋效果。套袋要避开有露期和中午高温期，实行全套袋。在 9 月底有 3～4 天连续阴天的情况下，可一次性摘袋；如果天气晴朗，则应分期摘袋，在外袋摘后 5～7 天，再摘除内袋，防止发生日灼现象。

4. 摘叶转果

在摘除果袋后，应摘除果实周围的叶片，并分次轻轻旋转果实，促进果实全面着色。

5. 铺设反光膜

摘袋后，地面铺反光膜，增加反射光的利用率，增进果实着色。

6. 适期分期分批采收

采收太早是我国苹果生产中普遍存在的问题。有些客商为了赶双节消费高峰，在国庆节前收购红富士、秦冠等晚熟品种，并美其名曰“水晶苹果”。其实早采对品质影响相当大，采收过早，果实生长不充分，物质积累不足，品质很难提高，适当晚采，延长果实挂树时间，以增加物质积累，是进行精品苹果生产必不可少的措施之一。

由于果实在树冠中所处的位置不同，着色先后是有区别的。一般树冠外围、顶部、南边的果实易着色，应先采摘，再随着内膛、下部、北边果实着色的增加，逐渐采收，以提高优质果率。

八、推行化肥、农药零增长，提高苹果食用的安全性

长期以来，苹果生产中存在农药、化肥超量使用的现象，导致苹果的食用安全性堪忧。静宁在秦冠苹果生产中大力倡导施肥向以有机肥为主转变，病虫防控向以农业和生物措施为主转变，有效地抑制了农药、化肥用量的增长，农药、化肥污染得到了很好的控制，苹果的食用安全性得到了有效提高。

附录一

精品红富士管理歌

1. 增大果个

富士果小最常见　小果市场难卖钱　出现原因有几点　主要在于重负担
结果过多养难管　小果出现成必然　增大果个抓关键　增加肥水保树健
果园土壤应深翻　活土二尺还算浅　有机含量增不减　按照标准均匀掺
膨大追肥很灵验　应该避免偏施氮　磷钾也要施得全　施量多少应依产
还要合理来修剪　过重过轻要避免　保持花叶一比三　衰强枝条注意换
果枝应该保壮健　结果维持五六年　疏花疏果应该严　花后一月应疏完
疏除花序第一环　留花标准掌握严　每花序中留中间　结出果实特征显
定果应该细盘算　壮枝侧果生长健　生长时间应该满　采收莫要太提前
生长一百八十天　采收不能算太晚

2. 端正果形

富士果形多不正　销售时间钱难挣　管理应该熟特征　以便生产好果形
影响原因有多种　应该细致来分清　气候冷凉多长形　气候温暖成圆形
花后营养早补充　促进细胞多形成　果形指数可自增　壮枝结果较端正
长枝结果应除尽　腋花结果没特征　花期喷普洛马林　高桩果的比例增
留果应留果肩平　所留萼头向下冲　上述措施应实行　结出果实形端正

3. 促进着色

富士着色普遍差　生产效益很难佳　果面着色悬殊大　销售时期有差价
着色措施应增加　措施应该抓如下　首先应该增温差　定植环境应该佳
有机肥量应增加　树冠之下莫胡挖　保护根系长发达　有利果实着色佳
修剪层间应拉大　枝组应该细配搭　直立枝条拉垂下　透光30%标准达
果实全红才算佳　氮肥施量应该下　多施有机与磷钾　土壤含水70%下

着色面积自增加　含水多时早排它　套袋着色作用佳　花后一月就套下
采前一月叶片掐　可引阳光来到达　疏枝摘心及抹芽　树冠南边银膜挂
果园铺膜应该大　配套应用效果佳

4. 生产黄肉果

富士黄肉是特征　肉黄销售自然增　果实越熟色越重　采收时间莫要争
180 天后就可行　南北上下应分清　先采外围后采中　生产效益可提升

附录二

精品苹果周年管理历

时间	树体生长发育特点及病虫活动规律	主要管理措施	解疑
3月	气温、地温逐渐升高，根系解除休眠，生长逐渐加快，树液流动，枝条变软，芽体膨大。 螨类、潜叶蛾、毛虫、蚜虫、金龟子等害虫从冬眠状态苏醒，各种病菌孢子进入繁殖阶段，腐烂病出现危害高峰	1. 耕翻整地　耕翻应按树龄进行，幼树期应进行深翻，深度在60cm左右，要彻底打破犁底层，翻时熟土、生土分置，用熟土回填至底层，生土分摊在其上，以利熟化土壤；结果园以浅耕为主，耕深15～20cm即可，耕时要注意保护根系，掌握近根处浅、远根处深的原则。耕后细致耙耱，以利蓄水。 2. 施肥埋叶　结合耕翻，进行追肥，促进根系和幼叶的发育。此次追肥以氮肥为主，以磷酸二铵＋尿素为好，幼树按每龄树株施0.1kg的标准，结果树按树势及产量的高低施用量在0.5～1.5kg。结合施肥，将田间落叶集中埋入施肥沟或穴内，以增加土壤有机质含量。 3. 覆盖　覆盖保墒是山旱地苹果高效生产的关键。 覆沙栽培：在地整平后，于地面覆盖一层10cm左右的细绵沙。 覆草栽培：在地整平后，根据草量的多少，于树盘、树行或整园覆盖一层10～15cm的作物秸秆或者杂草。 覆膜栽培：覆膜时要以树干为中心，将地整成中高15～20cm、宽1.2～2.4m、坡度10°左右的高垄，然后覆盖地膜。 4. 防病虫害　此期主要防治腐烂病、白粉病、螨类、介壳虫、绵蚜等，彻底刮治腐烂病疤，在病疤及树干、主枝涂抹拂蓝克、施纳宁、梧宁霉素、过氧乙酸、菌毒清、腐轮特；发芽前喷一次波美度5°Bé石硫合剂，进行灭菌杀虫，减少病菌、虫体的越冬基数，控制腐烂病、白粉病、螨类、介壳虫、绵蚜的危害；如介壳虫、绵蚜越冬数量多，则应专喷一次乐斯本；有小叶病的果园，可喷一次锌肥进行防治	应在树定植后3～5年内对全园进行一次深翻，以疏松土壤，改良根系土壤，促进根系扩展，形成强大根群，这是山地果园高效生产中的重要措施。 干旱缺墒是苹果生产中的主要制约因素，早春要趁墒早覆盖，以减少土壤水分的蒸发损失，提高天然降水的利用率。 越冬螨类开始产卵，为螨类防治的关键时期之一，防好了可以达到事半功倍之效

续表

时间	树体生长发育特点及病虫活动规律	主要管理措施	解疑
4月	萌芽后，随之展叶、显蕾、开花，春梢生长渐快，根系生长渐强。 越冬代害虫开始繁殖后代，金龟子大量发生，霉心病、白粉病开始侵染	1. 花前复剪，控制花量　在花露红时进行复剪，特别是对串花枝应进行适当回缩，对果台枝逢二剪一，减少开花消耗的树体营养。 2. 防霜冻　依据天气预报，采取提前树盘灌水、树干涂白、树冠喷1%石灰水的措施，可防御冻害。在降温的前一天下午树冠喷水加入富万钾或氨基酸液态肥，增加营养和湿度，可增强树体抗寒力；降温当夜0时前后在果园四周或行间堆燃树叶、湿锯末、麦糠等进行熏烟增温可化霜解冻；花序分离期喷70%安泰生800倍液可预防霜冻，提高坐果率。霜冻、沙尘发生后，应暂停疏花序（蕾），喷水冲洗枝芽，加强授粉，以利坐果。 3. 疏花　要早疏花序，在花露红时，按20cm间距进行疏留花序，减少无效花开放消耗养分，集中养分供所留花序生长，以利坐果。 4. 授粉　进行人工辅助授粉，以点授为主，仅点中心花，于中心花开放当时或次日上午10点以前进行为佳，可明显提高坐果率，增加高桩果的比例。 5. 防病虫害　此期主要防治腐烂病、白粉病、蚜虫、螨类、潜叶蛾等，可在花露红期喷4000倍液的绿云凯歌+1500倍液的25%灭幼脲3号+2000倍液的5%尼索朗乳油，或1500倍液的阿尼朗+1500倍液的甲维·毒，或4000倍液的苦参碱+800倍液的4%农抗120水剂。悬挂诱虫灯或糖醋液诱杀金龟子等害虫	浓烟可在果园上方形成烟幕层，阻止冷空气下沉，保护花器，防止受冻。在霜冻发生后可喷25mg/kg萘乙酸或20mg/kg的赤霉素，0.2%硼酸，250倍液的PBO，600倍液的益果灵或宝丰灵，提高坐果率，减轻危害。 在花露红期是防治霉心病、白粉病的关键时期，发病严重的果园可喷4000倍的绿云凯歌防治。金龟子发生量大的，田间挂糖醋液诱杀，糖醋液配比红糖：醋：白酒：敌百虫：水=1：2：0.4：0.1：10
5月	春梢进入生长期，短枝停长，幼果细胞分裂进入后期，发育速度加快，花芽分化开始，根系进入第二次生长高峰，肥水养分进入临界期。 红蜘蛛发生在5月，发展在6月，成灾在7月，其他害虫（蚜虫、食心虫、金纹细蛾、卷叶蛾）也进入危害繁殖高峰期，褐斑病、落叶病开始侵染	1. 疏果定果　每个花序留1果，以留顶花芽、中心果为主，疏除病虫果、腋花芽所结果、双果、小果、畸形果、背上果、梢头果。 2. 防病虫害及补钙　此期为早期落叶病侵染期，套袋果易出现缺钙，而套袋前为钙主要吸收期，可喷施10%农抗120可湿性粉剂1200倍液+70%安泰生可湿性粉剂800倍液+25%灭幼脲3号悬浮剂1500倍液+氨基酸钙400倍液或1000～1500倍液的绿云肽神+5000倍液的绿云凯歌+800倍液的甲托+1500倍液的三唑锡悬浮液+10%吡虫啉可湿性粉剂3000倍液。 3. 除草　山旱地果园，由于肥水条件所限，不具备生草条件，应以清耕为主，对杂草应及时清除，以减少杂草生长对土壤水分、养分的消耗，集中养分、水分供果树生长。杂草清除应坚持除早、除小、除了的原则，及时进行	干旱缺墒，导致细胞分裂不充分是果个长不大的主要原因，在生产中可通过浇水克服。 上旬是斑点落叶病防治的关键时期之一；中下旬是卷叶蛾、潜叶蛾、绵蚜防治的关键时期。 蚜虫进入盛发期，后期是否暴发，取决于此次防治的效果。 此期树的特点是营养生长仍占主导地位，要采取措施，促使枝势尽快缓下来，以利多成花结果

续表

时间	树体生长发育特点及病虫活动规律	主要管理措施	解疑
6月	大部分新梢停长，营养开始积累，根系逐渐进入停长状态，花芽开始分化，幼果发育速度加快。 蝻类繁殖速度加快，桃小食心虫产卵进入盛期，蚜虫在干旱时反复发生，褐斑病反复侵染	1. 果实套袋　选择双层三色木浆纸袋进行果实套袋，套时撑开袋子，袋口朝下套，幼果悬于袋中央，封严袋口，不要伤及果柄。 2. 追肥　幼树每亩施尿素5～10kg，结果树每亩施三元复合肥或硫酸钾40～50kg。 3. 除草	在喷药后1～2天内应套完，时间拉得过长，脱袋后容易出现红点病、黑点病，边喷药边套袋的方法也不可取，生产中应避免。 一般双层三色袋效果好，所套苹果晒伤少，纸夹膜所套果烧伤发生率高，所套果易返青。 氮肥过多，易导致枝梢旺长，枝势不宜缓下来，不利成花，此期施氮不可过多
7月	花芽继续分化，秋梢在中下旬开始生长，果实膨大速度加快，根系处于停长状态。 病虫害发生与环境关系密切，高温干旱时蚜虫、螨类严重发生，多雨易造成早期落叶病和烂果病流行，黑点病大发生	1. 防病虫害　此期为早期落叶病发病期，腐烂病侵染期，干旱蚜虫、螨类严重发生期，为全年病虫害防治的关键时期之一。可选用5%菌毒清50倍液、2%农抗120水剂50倍液或45%施纳宁1000倍液、治腐灵、过氧乙酸等药液涂刷树干，树体喷3000～4000倍液的戊唑醇+800～1000倍液的苦参碱水剂对病虫害进行控制。 2. 除草　随着降水的增多，杂草进入旺长期，要及时除草	早期落叶病发病期，多雨年份空气湿度大，发生严重，应加强防治。戊唑醇防治早期落叶病有特效，由于戊唑醇对果面有刺激作用，在套袋前应少用，套袋后喷施应早
8月	新梢生长由旺盛趋于缓慢，花芽分化渐弱，各花器官开始发育，果实膨大。 持续高温，病虫活动活跃，特别是早期落叶病和腐烂病在多雨年份危害严重，食叶害虫继续危害，干旱年份，螨类会继续危害，二代虫进入产卵盛期	1. 拉枝　幼树及初果期树注意对主枝和辅养枝进行拉枝开角，掌握主枝拉平，辅养枝拉下垂。结果树重点为珠帘式下垂枝组培养，对树冠内生长健壮的斜生枝及背上直立枝，实行变向处理，通过拉下垂，培养珠帘式结果枝组，以利提高产量和果实品质。此期拉枝，枝势稳定，冒条少，效果最好。 2. 叶面喷肥补充树体养分　果实进入膨大期，需养量骤增，可叶面喷施500倍液富万钾或0.2%～0.5%的磷酸二氢钾，进行营养补充，增强叶片光合作用的能力，促进果实膨大，以及花芽分化的顺利进行，提高叶片抗病能力。 3. 防病虫　干旱时，螨类易泛滥，可喷1500倍液的三唑锡悬浮剂防治	幼树枝量少，园内通透性好，可适当多留枝，对所留的辅养枝要强化管理，促进成花结果，提高枝条利用率，提高前期产量

续表

时间	树体生长发育特点及病虫活动规律	主要管理措施	解疑
9月	秋梢停长。根系生长，中下旬达第三次生长高峰。果实加速膨大，开始着色。虫害减弱，病害进入盛发期，腐烂病进入第三次发病高峰期	1. 摘袋　在套袋后90天左右，摘除外袋，再过4～6天后，摘除内袋。 2. 促进果实着色　摘袋后摘除果实周围遮光叶、贴果叶，冠下铺设反光膜，对着色不良的果实实行转果处理，轻托果实将阴面转向阳面，促使全面着色。 3. 除草	通过拉开摘袋时间，从而使树冠内外、上下着色一致，以便一次性采收。 防止红、黑点病出现
10月	果熟，叶片营养向枝干及根系回流、贮藏，根系仍处于第三次生长高峰期。 果实病害和枝干腐烂病仍在发病期，早期落叶病侵染危害缓慢，害虫潜藏或越冬，停止危害，大青叶蝉产卵达到高峰	1. 促进果实着色　对着色不良的果实进行转果处理。 2. 采果　中下旬分期分批采收果实，先采色泽符合标准的果实，对着色不良的果实可留树继续着色，待上色好后再采摘，采摘时应轻拿轻放，垫好采果筐，防止碰压伤果。 3. 保护叶片　采果后全树喷布300倍液的三元复合肥或500倍液的富万钾＋原沼液或0.5%尿素，延缓叶片衰老，增强光合作用，增加树体贮藏营养，以利花芽分化和树体安全越冬。 4. 施基肥　幼树期每龄树施用优质有机肥15kg左右、尿素0.1kg左右、过磷酸钙0.25kg左右；结果树按树龄大小及结果量的多少而定，保证每生产100kg果施用优质有机肥150～200kg，过磷酸钙7kg左右，尿素1.5～3kg或50%生物有机肥10kg左右，最好每亩能施用10～15kg的复合菌肥	
11月	气温下降，叶片脱落，开始休眠	1. 秋耕保墒　清耕园，全园浅耕10cm以上，耱平保墒。 2. 树干涂白　用2份生石灰、10份水、半份食盐、半份面粉、1份石硫合剂配成涂白液，涂主干、大枝杈和中心干，进行树体保护。 3. 刮治腐烂病　彻底刮除病疤，涂抹2%农抗120 50倍液或10%果康宝5倍液、45%施纳宁100倍液、菌立灭水乳剂150倍液进行治疗	

续表

时间	树体生长发育特点及病虫活动规律	主要管理措施	解疑
12月至翌年2月	果树逐步进入自然休眠，呼吸作用、蒸腾作用和其他生理活动都非常微弱，果树体内营养大多贮藏于根系和大枝中，幼龄枝条中的营养相对较少	1. 修剪　幼树期以培养树形为主。主推树形为改良纺锤形，修剪的关键在于培养健壮的中干，保持枝轴单轴延伸。修剪时注意基部枝错位选留，防止轮生、对生卡脖现象的出现，中干延长枝自然延伸，不打头，实行轻剪，尽量多留枝、少疏枝，以利辅养树体，增加前期结果部位，提高产量。 结果树修剪以提高产量、质量为目的，对于幼树期所留的过多辅养枝在结果后分期分批疏除，要加强下垂结果枝组的培养，保持中干强旺，主枝单轴直线延伸，剪除病虫枝，控制冠高，缩小冠幅，枝组修剪坚持去大留小，增加小枝量，枝组相隔 20cm 左右。 2. 伤口保护　修剪工具要锋利，剪锯口要平滑，剪锯伤口要立即涂抹愈合剂，防止伤口失水干裂，然后贴果袋内纸或塑料膜进行保护	幼树期留枝较多，在进入结果期后，随着枝量的增加，要逐步对临时性枝进行疏除，以规范树形，保持园内有良好的通透性

参 考 文 献

[1] 蒋名川,解淑贞．蔬菜施肥．北京：农业出版社， 1987.
[2] 陈佰鸿．苹果标准化栽培技术．兰州：甘肃科学技术出版社， 2011.
[3] 甘肃农科院果树研究所．甘肃主要果树栽培．兰州:甘肃科学技术出版社，1990.
[4] 吴燕民，等．果树栽培必备．兰州:甘肃科学技术出版社，1991.
[5] 郭学军．渭北旱塬现代苹果生产技术问答．西安:陕西科学技术出版社，2012.
[6] 李炳治，等．千阳矮砧苹果．咸阳：西北农林科技大学出版社， 2013.
[7] 张玉星．果树栽培学．北京：中国农业出版社， 1997.